从零开始

PHP网页开发基础

袁晓飞 著

人 民 邮 电 出 版 社
北 京

图书在版编目（CIP）数据

从零开始——PHP网页开发基础 / 袁晓飞著. -- 北京 : 人民邮电出版社, 2020.9
ISBN 978-7-115-53991-5

Ⅰ. ①从… Ⅱ. ①袁… Ⅲ. ①PHP语言－程序设计
Ⅳ. ①TP312.8

中国版本图书馆CIP数据核字(2020)第078336号

◆ 著　　袁晓飞
责任编辑　赵　轩
责任印制　王　郁　马振武
◆ 人民邮电出版社出版发行　北京市丰台区成寿寺路 11 号
邮编　100164　电子邮件　315@ptpress.com.cn
网址　https://www.ptpress.com.cn
北京市艺辉印刷有限公司印刷
◆ 开本：787×1092　1/16
印张：15.5
字数：406 千字　2020 年 9 月第 1 版
印数：1－2 000 册　2020 年 9 月北京第 1 次印刷

定价：59.00 元

读者服务热线：(010)81055410　印装质量热线：(010)81055316
反盗版热线：(010)81055315
广告经营许可证：京东市监广登字 20170147 号

前言

在快节奏的 IT 行业中，每个人都有获得更好前途的机会，尤其是对于刚刚毕业的学生来说，如果能够找到一份 IT 开发工作，哪怕是常被调侃的 PHP 开发，也可以改变命运。

可能有读者立马反驳：写代码也算得上是好工作？但大飞哥可以拍着胸脯告诉你：不要看不起开发工作，实际上，写代码比很多其他工作轻松太多，况且报酬并不低！这个世界上真的还有很多更艰辛但收入却不高的工作，只是你看不到而已。这就是现实！

然而，很多即将走出校园的同学在找工作的过程中屡屡受挫，他们面对的现实问题就是：即便掌握了很多理论知识、熟悉了各种语法术语，可就是不知道该如何应用到实际工作中！从而走向一个死循环——没有经验，导致找不到工作，而没有工作实践，也无法获得经验。

为了帮助想在 IT 行业发展的求职者，大飞哥撰写了此书。

在过去担任培训讲师的几年里，我几乎将一切时间都用于去了解新手在求职或初入职场时遇到的各种实际问题！分析其中的原委，进而总结出一套直击要害、非常有效的学习方法。大飞哥希望能够帮助求职者少走弯路，让初入职场的新人能够更快地掌握网站软件开发本领。

学员们毕业之后，仍然不断向大飞咨询各种工作中遇到的疑难杂症，故大飞也在此书中给出解答，以解新人的忧愁！

本书侧重于讲解 PHP 基础知识，涵盖 PHP 基本语法、流程控制、函数、数组、字符串、正则表达式、日期与时间、错误日志处理等内容。

这本书可谓是大飞哥从业多年来的心血之作，现在才看到它，你也许会感到相见恨晚，读完后可能会使怀才不遇的你看到发展的方向！未来 IT 大业，就交给你啦……

本书特色

初学首选，入行经典：针对 PHP 新手精心打造，毕业面试不愁，跳槽求职无忧。

内容全面、一针见血：覆盖 PHP 工程师实际工作中的方方面面。

面向人群

- 仅有 HTML、CSS 前端基础的开发小白。
- 屡屡碰壁的学生求职者。
- 初入职场、步履艰难的新手。
- 对于网站开发情有独钟的学习者。

学前建议

坚持：学习从来都不是一件容易的事，即便对工作已经颇有见解的你也是一样，我们的生活是不能缺少学习的，只有更加深入地学习，坚持不断地学习，才能让你进入更诱人的学习世界！

探索：即便是大飞哥总结的精华，也难免有所疏漏。只要积极探索、投入热情，困难就会迎刃而解！

解决：在学习开发的过程中，肯定也会遇到各种各样、千奇百怪的错误！遇到错误的时候，一别哭，二别闹，勇于面对与解决才是你要做的！

交流：不要一个人去战斗，大飞哥不但写了此书，还创建了一个群。联系下面的邮箱，申请入群，让我们共同进步。

联系方式

作者的邮箱是 592476122@qq.com，任何与本书相关的问题都可以随时发邮件咨询！

目录

第 1 章 PHP 基础准备

①

我时常在想，一个人拥有怎样的毅力，才能创建一门计算机语言，而这门语言在多年以后竟然有如此大的影响力！

Lerdorf 本人在最开始也没有想到吧！也确实如此，世间很多伟大的事物，都是在不经意间被发现、被创造的！我们每一个人，都有无尽的创造力！只是你还没有发掘！那我们先从创造网站空间开始吧！

1.1 服务器端的脚本语言 PHP

大家常笑称，PHP 是世界上最好的语言……之一。每本 PHP 教程的开头都会告诉你，PHP 是 Hypertext Preprocessor（超文本预处理器）的缩写……但如果大飞哥也这样讲，那就是我不负责了。大家可能已经注意到了，这个缩写只有一个代表预处理器的“P”。那么第一个“P”代表什么呢？这一节我就会给大家仔细介绍一下 PHP 的诞生与发展。

1.1.1 PHP 的诞生

1994 年，在大飞哥出生的那一年，Rasmus Lerdorf（图 1-1 为大飞手绘的 PHP 之父）公开发布了 PHP 的初始版本，这也是如今 PHP 的雏形。在那时候，PHP 的意思是“超文本预处理器”，主要用于对网站进行管理与维护。

图 1-1

1.1.2 PHP 是什么

即使是面对所谓最简单的 PHP 语言时，新人也会感觉无从下手，包括大飞哥本人也是。在大学刚开始接触 HTML、CSS、PHP 等编程语言时，我总是毫无思路，一点都不明白！我想这也是刚刚入门的你最真切的感受！其实万事开头都是痛苦的：跑完步的第二天会腰酸腿疼；打篮球可能会伤到手指；踢球可能崴了脚腕，如此种种，我们不能因为一开始遇到了些许困难就给自己找借口开脱！相反，我们应当迎难而上！所有的困难都会是你的财富！不信的话，我们就把这本书看完……

PHP 的学名是超文本预处理器，超文本大家应该都不陌生，我们所看到的网站，都是由超文本标记语言 HTML 编写出来的，再配合 CSS 对网页内容进行修饰，这样一来，网页就显得非常炫酷了！可这些跟 PHP 有什么关系？别急，先看图 1-2。

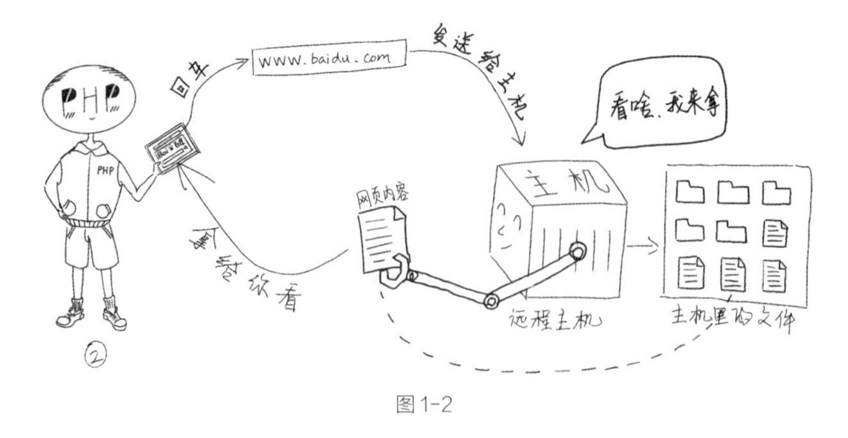

图 1-2

大飞哥拿着 iPad 想要看百度页面，此时我只需要在浏览器中输入百度的网址，单击确定按钮后，立刻就可以看到网页。但我们没看到的是：服务器在这个过程中可忙碌了，它需要从网站服务器的文件中心里面取出百度的页面，再使用 PHP 进行一系列的相关处理，然后才能将网页呈现给你，这个过程是 3 步：请求 – 处理 – 响应。

理解了上面的原理，就很容易解释了！服务器拿到的页面就是一个 HTML 文件，它需要使用 PHP 进行一系列的处理，最终将页面呈现给电脑前的使用者（我们以后就称其为用户吧）。在这个过程中，PHP 担任了很重要的角色，它需要给 HTML 文件进行预加工，这就是超文本预处理器！而 PHP 需要嵌套在 HTML 中编写！

关键词

超文本：HTML 网页

预处理器：PHP 脚本

服务器：网页存储中心

1.2 为什么要学习 PHP

在互联网的蓬勃发展中，PHP 开发作为行业基础岗位，人才需求量极大；另外，学好 PHP，也是进入 IT 开发行业最快的途径之一。

1.2.1 学习 PHP 的出发点

PHP 就是为了维护网站而存在的。简单点说，HTML 页面的特点就是“所见即所得”，使用 HTML 写出来的页面，没有使用 PHP 预处理技术，也没有应用数据库！所以说，HTML 的数据都是“死”的，每次想要往网页中添加点什么信息，都得找到源代码，先将之前的内容删除，再加上新内容，这样下来，就完成了网页内容的更新。麻不麻烦？我就问麻不麻烦？太麻烦了！

而应用了 PHP 的网站就不同了，PHP 的出现让页面的内容管理变得更简单。网页中的内容不够了，还能使用 PHP 从数据库中去提取，取到的信息直接放到网页中就可以了，如图 1-3 所示。

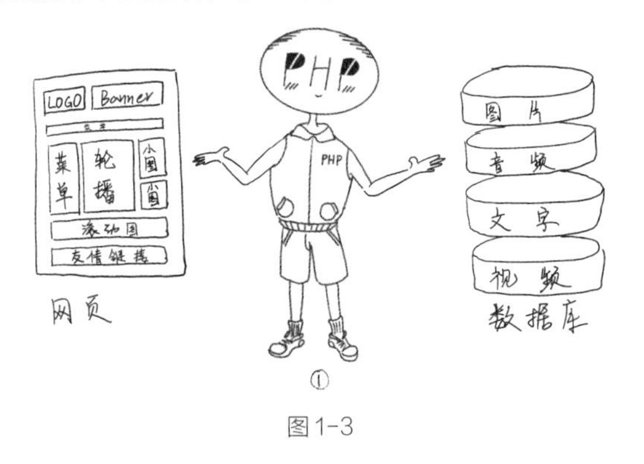

图1-3

1.2.2 如何学习 PHP

要想学习 PHP，首先就得知道使用 PHP 开发网站所需的构件。大飞哥把它们整理成一份清单，大家对照一下吧（表 1-1）。

表 1-1

所需构件	代表性实例
操作系统	Windows、Linux、UNIX
浏览器	谷歌、火狐、Safari 浏览器
超文本标记语言	HTML、H5、XHTML
层叠样式表	CSS2、CSS3
客户端脚本编程语言	JavaScript
服务器	Apache、Tomcat、IIS
服务器端脚本编程语言	PHP、ASP、JSP
数据库	MySQL、SQL Server、Oracle

再次声明：因为本书面向的是具有 HTML+CSS 开发基础的读者。如果想在学习 PHP 之前详细了解 HTML 和 CSS 方面的内容，请加入我们的技术交流群，这里有一群伙伴等着和你切磋呢！

1.3 PHP 开发平台入门

想要做网站开发，且把开发工作做好，选择一个合适的开发平台是必不可少的步骤。下面大飞哥就给大家介绍几组现阶段比较流行的开发平台，读者可以通过了解它们的特点来选择适合自己的开发平台！

1.3.1 LAMP 平台

LAMP 是一个缩写，指的是：Linux 操作系统 + Apache 服务器 + MySQL 数据库 + PHP 脚本语言。这一套系统容易上手，安全系数高，开发速度快，容易维护，适合中小型企业项目。

例如，小明创立了一家互联网公司，此时他需要开发自己的网站，那么选择 LAMP 这一开发平台，就是成本最低、效率最高的选择，并且后期维护网站也会更加轻松。

1.3.2 ASP.net 平台

以 ASP.net 为核心的平台包括：Windows Server 操作系统 + IIS 服务器 + SQL Server 数据库 + ASP 脚本语言。此平台的特点是：容易上手，安全系数中等，开发速度快，较易维护！适合中小型企业项目。

ASP.net 平台和 LAMP 类似，可是目前局势并不乐观，ASP 开发工程师也越来越少。

1.3.3 JavaEE

Unix 操作系统 + Tomcat 服务器 + Oracle 数据库 + JSP 脚本语言，这套平台的特点是安全系数很高，但是上手不易，开发周期长，不易维护！

这种开发构件最适合类似银行等对安全性需求极高的机构。如果项目需要考虑的安全问题非常多，逻辑也相对复杂，那么选择 Java 来做开发就再合适不过了，只不过开发周期可能较长，也不太容易维护升级。

至于操作系统，我们最熟悉的就是 Windows 操作系统了，因此，我们建议在初学阶段选择 Windows 操作系统来搭建自己的开发环境，但是因为 Windows 操作系统漏洞相对较多，到后期，我们需要选择 Linux 操作系统。

第 2 章 配置与安装环境

对于各大开发平台有了些许了解之后，我们就可以着手选择一个属于自己的开发平台了！介于这本书的定位，是面向经验尚浅的初学者和新手，因为我们在本书中选择 LAMP 平台开发，这是目前的最优选择！

LAMP 中的 L，代表的是 Linux 操作系统，但是我们还不是很了解这一款操作系统，因此我拿大家最熟悉的 Windows 操作系统来做范例，之后可以移植到 Linux 操作系统当中！

2.1 下载本地服务器集成软件

选择好开发平台后，我们就可以着手搭建自己的服务器平台了，相信你的电脑已经装好了 Windows 操作系统，那么下面就可以开始搭建啦！

首先，你需要进入 WAMP 官网下载所需软件，如图 2-1 所示。这里大家要注意，因为是国外网站，所以可能有部分小伙伴在访问的过程中会遇到问题，因此，大家可以进入本书的技术交流群，大飞哥协助你解决软件问题。

WAMP 是一款可以集成安装服务器、数据库服务的软件，操作简单，方便快捷，适合新手选择！ 注意，同类型的集成环境软件 Xampp 或 phpStudy 均可选择。

一直往下滚动页面，就可以找到两个下载按钮了，如图 2-2 所示。在这里选择适合你电脑环境的版本，下载即可！大飞哥的操作系统是 32 位 Windows，因此单击右侧的按钮；若你使用的是 64 位 Windows 操作系统，单击左侧的按钮即可。单击按钮后会出现如图 2-3 所示的对话框，单击【download directory】下载安装文件即可。

图 2-1

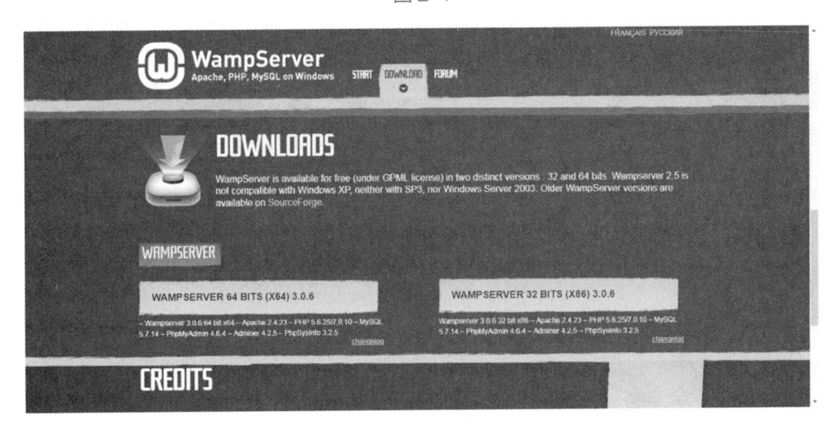

图 2-2

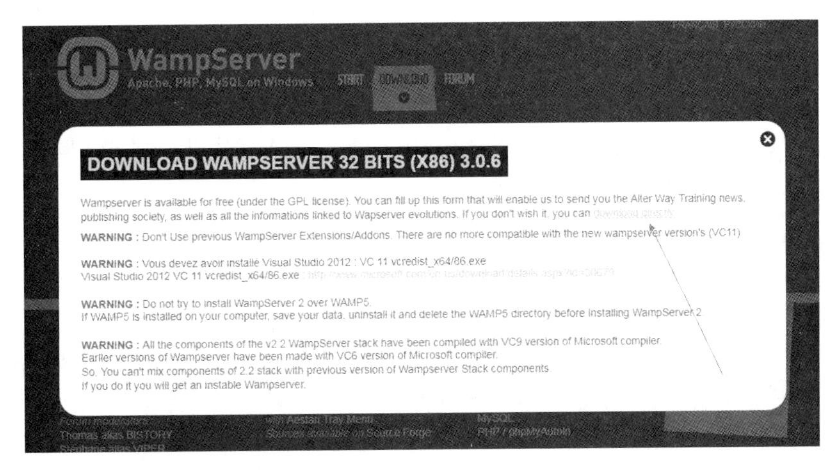

图 2-3

当你的页面跳转到如图 2-4 所示界面时，说明你的服务器已经开始下载了，等待下载完成即可。

下载完毕后，会出现如图 2-5 所示的 WampServer 小图标，这就说明下载成功了。

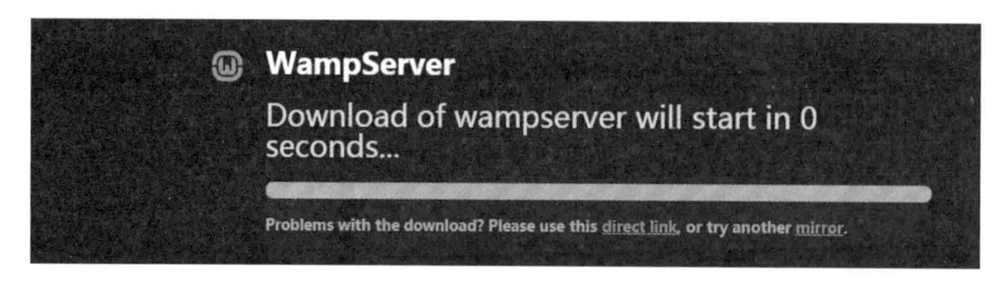

图 2-4

图 2-5

2.2 安装集成环境

双击下载好的文件图标，界面上会弹出一个对话框，这就是安装界面，如图 2-6 所示。

选择英文【English】即可，安装成功之后还可以修改语言，这里单击【OK】按钮之后，会弹出如图 2-7 所示的窗口。

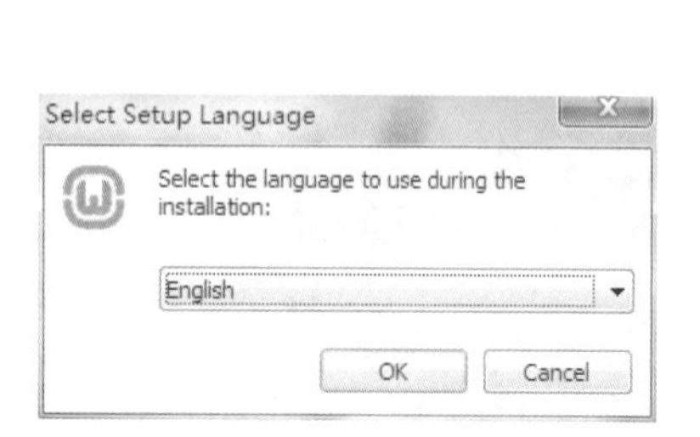

图 2-6

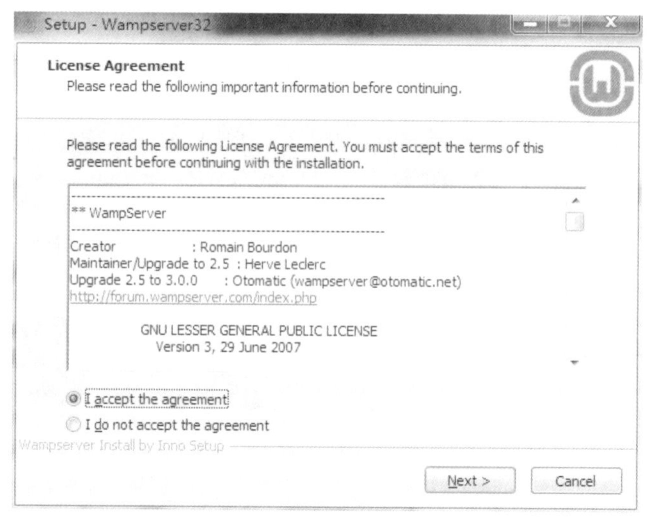

图 2-7

选择同意协议（I accept the agreement），单击【Next】按钮进入下一步，会有一些安装注意事项，直接单击【Next】按钮即可，如图 2-8 所示!

此时，你需要选择一个合适的盘符安装软件。这里大飞哥要强调一下，我们尽量不要选择 C 盘作为安装盘，因为 C 盘是系统盘，如果安装的内容太多，将会导致电脑非常卡，所以我们在除了 C 盘之外的其他盘符安装即可，然后继续单击【Next】按钮，如图 2-9 所示。

确认信息无误，就可以单击【Install】按钮了，坐等软件安装成功，如图 2-10 所示。

如图 2-11 所示为软件安装界面，安装过程需要耗费一些时间，一定要耐心等待，心急吃不了热豆腐。

安装完毕之后会弹出如图 2-12 所示的确认框，单击【否】按钮。

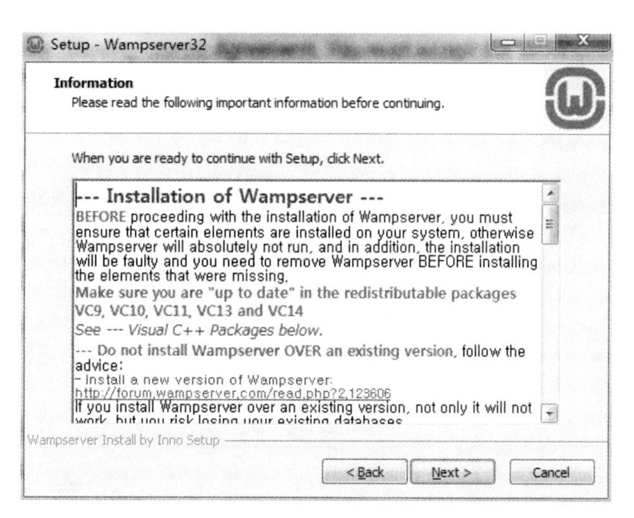
Setup - Wampserver32
Information
Please read the following important information before continuing.
When you are ready to continue with Setup, click Next.
--- Installation of Wampserver ---
BEFORE proceeding with the installation of Wampserver, you must ensure that certain elements are installed on your system, otherwise Wampserver will absolutely not run, and in addition, the installation will be faulty and you need to remove Wampserver BEFORE installing the elements that were missing.
Make sure you are "up to date" in the redistributable packages VC9, VC10, VC11, VC13 and VC14
See --- Visual C++ Packages below.
--- Do not install Wampserver OVER an existing version, follow the advice:
- Install a new version of Wampserver:
http://forum.wampserver.com/read.php?2,123606
If you install Wampserver over an existing version, not only it will not
Wampserver Install by Inno Setup
< Back
Next >
Cancel
图 2-8

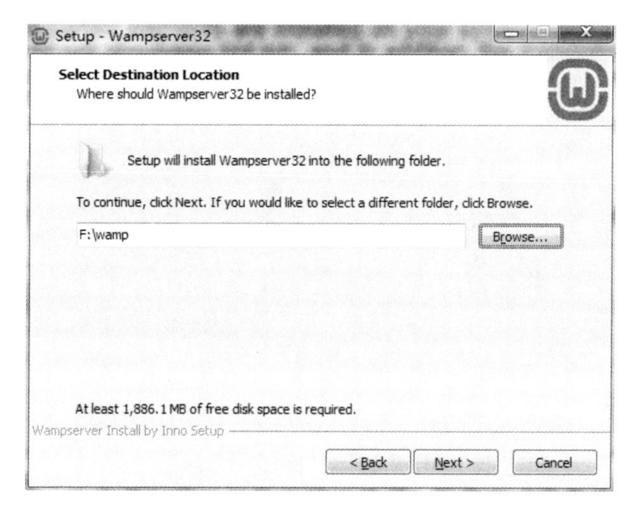
Setup - Wampserver32
Select Destination Location
Where should Wampserver32 be installed?
Setup will install Wampserver32 into the following folder.
To continue, click Next. If you would like to select a different folder, click Browse.
F:\wamp
Browse...
At least 1,886.1 MB of free disk space is required.
Wampserver Install by Inno Setup
< Back
Next >
Cancel
图 2-9

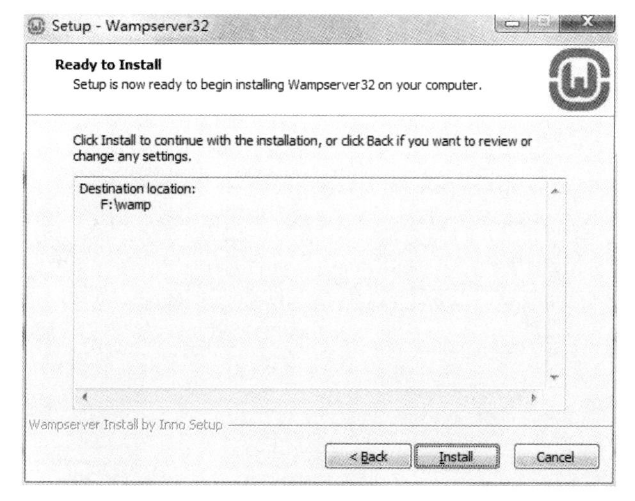
Setup - Wampserver32
Ready to Install
Setup is now ready to begin installing Wampserver32 on your computer.
Click Install to continue with the installation, or click Back if you want to review or change any settings.
Destination location:
F:\wamp
Wampserver Install by Inno Setup
< Back
Install
Cancel
图 2-10

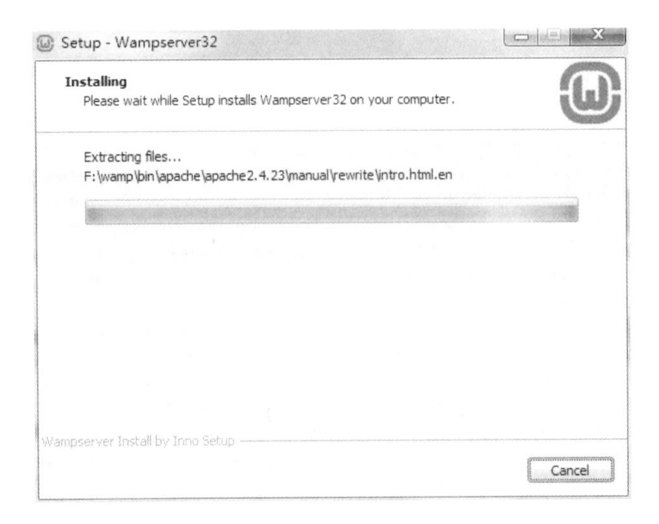

图 2-11

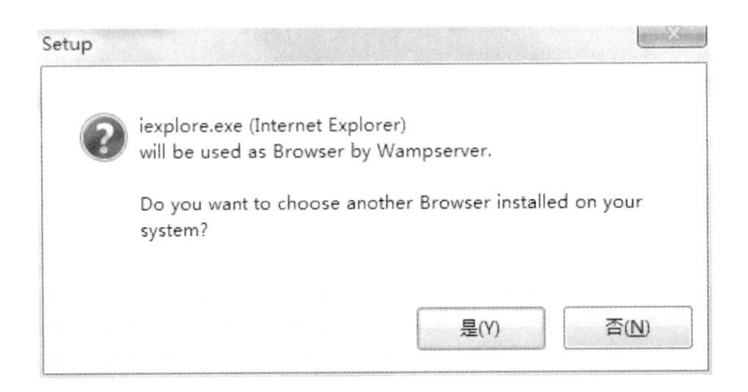

图 2-12

弹出安装完成的界面，单击【Next】按钮，如图 2-13 所示。

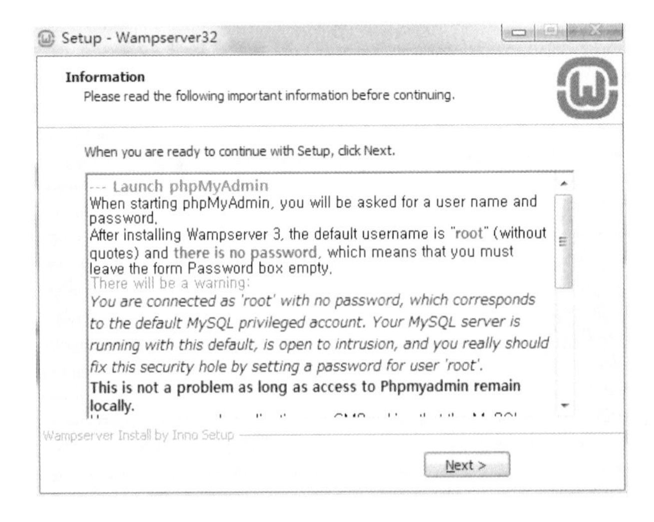

图 2-13

弹出显示安装成功的界面，单击【Finish】按钮，如图 2-14 所示。

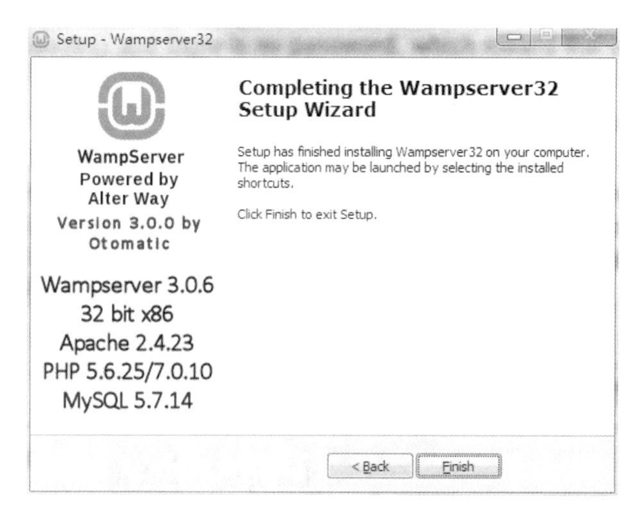

图 2-14

如图 2-15 所示，双击图标即可打开软件。

图 2-15

2.3 查看环境是否安装成功

有 3 种方式可以查看环境是否安装成功。

- 看右下角 W 小图标是否为绿色：绿色表示成功，黄色或红色则表示有问题。
- 在屏幕下方任务栏右击，打开任务管理器，查看进程 httpd.exe / mysqld.exe 是否存在。
- 鼠标右键单击【我的电脑】，选择【管理】-【服务和应用程序】-【服务】-【wampapache / wampmysqld】。

注意：通过观察我们会发现，httpd.exe 属于 Apache 进程，mysqld.exe 属于 MySQL 进程，为什么没有 PHP 的进程呢？原因是 PHP 属于 Apache 模块，所以没有 PHP 的进程！

到这里，我们就把开发环境配置好了。但是光装好还不行，我们还需要对这个环境有一个详细的了解，这样才能在之后的学习中游刃有余。

第 3 章 WAMP 集成环境菜单详解

服务器环境搭建成功后，接下来就需要了解这个集成环境如何使用了。首先就从它的菜单说起吧！右键单击桌面右下角的绿色“W”小图标，会弹出如下菜单栏，选择语言（Language）一栏，设置软件菜单语言为中文（Chinese），如图 3-1 所示。

图 3-1

左键单击菜单栏可以弹出如图 3-2 所示的菜单栏，这就是 WAMP 集成软件的应用菜单了。清晰地了解菜单中每一个栏目的作用，可以大大加快我们解决问题的速度。

图 3-2

下面，我们就对菜单栏目中的每一个菜单项进行详细的介绍。

3.1 Localhost 本地主机

单击【Localhpst】按钮，会跳转到一个网页，该网页呈现出图 3-3 所示的页面，如果能够看到该页面，就说明已经成功地搭建好自己的项目了。

该界面是服务器的信息展示界面，我们可以将其分为 3 部分解读。

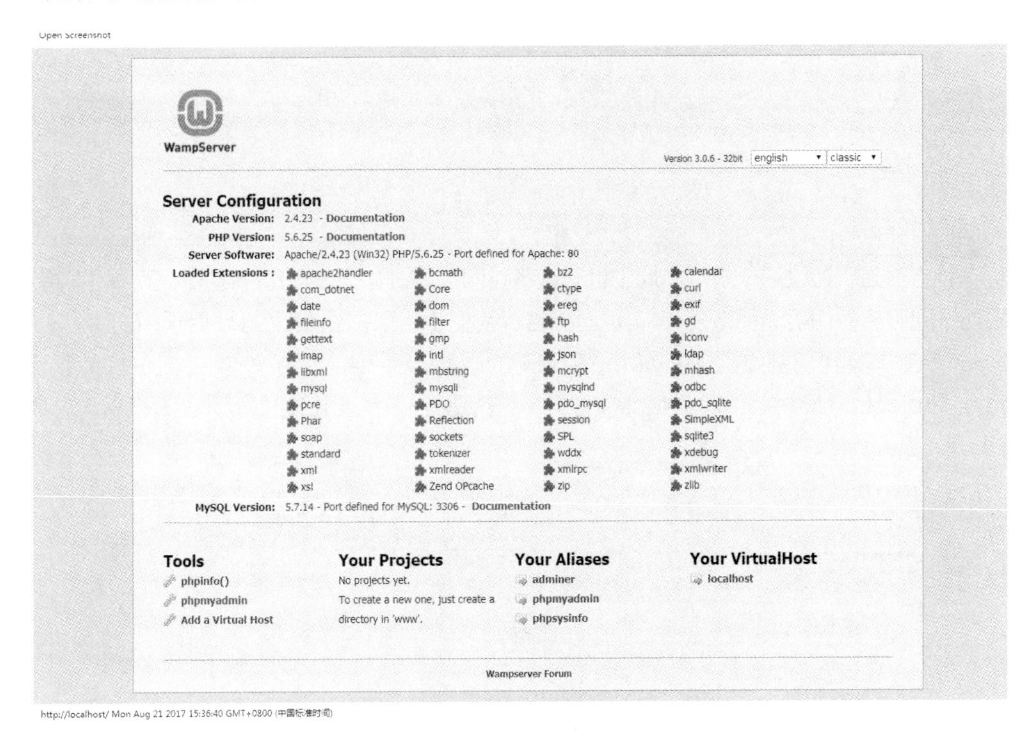

这里是WampServer展示的头部信息，可以设置语言等相关信息，

让所有选项默认即可。(Version 3.0.6 - 32bit是版本信息。)

Version 3.0.6 - 32bit english classic

Server Configuration 服务器相关配置信息

Apache Version: 2.4.23 - **Documentation** Apache服务器的版本号

PHP Version: 5.6.25 - **Documentation** PHP脚本语言的版本号

Server Software: Apache/2.4.23 (Win32) PHP/5.6.25 - Port defined for Apache: 80 服务器软件整体配置信息，包含版本号和端口号:80

Loaded Extensions : 拓展模块列表，了解

apache2handler	bcmath	bz2	calendar
com_dotnet	Core	ctype	curl
date	dom	ereg	exif
fileinfo	filter	ftp	gd
gettext	gmp	hash	iconv
imap	intl	json	ldap
libxml	mbstring	mcrypt	mhash
mysql	mysqli	mysqlnd	odbc
pcre	PDO	pdo_mysql	pdo_sqlite
Phar	Reflection	session	SimpleXML
soap	sockets	SPL	sqlite3
standard	tokenizer	wddx	xdebug
xml	xmlreader	xmlrpc	xmlwriter
xsl	Zend OPcache	zip	zlib

MySQL Version: 5.7.14 - Port defined for MySQL: 3306 - **Documentation** 服务器的版本号和端口号

图 3-3

如图 3-4 所示，我把页面分成了 3 层：头部、体部和脚部。头部没有太多重要信息；体部包含了各项服务的版本及拓展模块的相关信息（拓展模块在后续应用 PHP 中会逐渐讲解，目前作为了解）；脚部包含了工具、项目等相关信息。“Your Projects”（你的项目）尤为重要！从这里可以看到你搭建到服务器中的网站页面信息。

除此之外，就是“Tools”工具一栏信息相对重要，其他内容稍加了解即可。

图 3-4

访问项目文件有两种方法。

第一种方法是，通过这个虚拟本地主机来进行访问、测试和开发。那问题又来了，如何将我们的网站配置到服务器中呢？图 3-5 其实也已经告诉我们了！只需要在 wamp 目录中的 www 目录下创建一个文件夹即可。例如，我在 wamp 目录下的 www 目录中创建了一个名为 test 的目录。此时，Your Projects 这一栏就出现了 test 文件夹，这就是我们的项目目录啦，如图 3-6 所示。

Tools	Your Projects	Your Aliases	Your VirtualHost
phpinfo()	test	adminer	localhost
phpmyadmin		phpmyadmin	
Add a Virtual Host		phpsysinfo	

图 3-5

应用 (G:) ▸ wamp ▸ www ▸

工具(T) 帮助(H)

共享 ▾ 新建文件夹

名称	修改日期	类型	大小
test	2017/8/21 16:12	文件夹	
wamplangues	2017/8/21 15:32	文件夹	
wampthemes	2017/8/21 15:32	文件夹	
add_vhost.php	2016/8/16 18:02	PHP 文件	18 KB
favicon.ico	2010/12/31 9:40	图标	198 KB
index.php	2017/8/21 16:17	PHP 文件	30 KB
test_sockets.php	2015/9/21 17:30	PHP 文件	1 KB
testmysql.php	2016/5/17 15:58	PHP 文件	1 KB

图 3-6

在该目录下，我又创建了一个 test.php 文件，如图 3-7 所示，然后再次单击 Your Projects 下的【test】按钮，发现网页此时无法访问，如图 3-8 所示。

应用 (G:) ▸ wamp ▸ www ▸ test

工具(T) 帮助(H)

共享 ▾ 新建文件夹

名称	修改日期	类型	大小
test.php	2017/8/21 16:10	PHP 文件	1 KB

图 3-7

无法访问此网站

找不到 test 的服务器 DNS 地址。

尝试运行 Windows 网络诊断。

DNS_PROBE_FINISHED_NXDOMAIN

重新加载

图 3-8

此时需要调试一下 www 中 index.php 的一行代码。进入 index.php，直接搜索 projects ListIgnore 这个单词，会搜索到一条判断语句。这条判断语句现在我们肯定还看不懂，此时只要在加框的地方进行些许修改即可：在 http:// 后面加上 localhost/，如图 3-9 所示。

```
439 while (($file = readdir($handle))!==false)
440 {
441     if (is_dir($file) && !in_array($file,$projectsListIgnore))
442     {
443         $projectContents .= '<li><a href="';
444         if($suppress_localhost)
445             $projectContents .= 'http://'.$file.$UrlPort.'/"';
446         else
447             $projectContents .= 'http://localhost'.$UrlPort.'/'.$file.'/"';
448         $projectContents .= '>'.$file.'</a></li>';
449     }
450 }
```

图 3-9

修改之后是如下效果，保存这个修改之后的页面即可，如图 3-10 所示。

```
439 while (($file = readdir($handle))!==false)
440 {
441     if (is_dir($file) && !in_array($file,$projectsListIgnore))
442     {
443         $projectContents .= '<li><a href="';
444         if($suppress_localhost)
445             $projectContents .= 'http://localhost/'.$file.$UrlPort.'/"';
446         else
447             $projectContents .= 'http://localhost'.$UrlPort.'/'.$file.'/"';
448         $projectContents .= '>'.$file.'</a></li>';
449     }
450 }
```

图 3-10

之后再打开【Localhost】按钮，进入服务器管理页面，单击 Your Porject 中的按钮即可进入 test 目录，之后再单击 test.php，你就可以看到代码执行的效果了，如图 3-11 所示。你学会了吗?

执行之后的结果如果是乱码也不用担心，大飞哥后续会帮大家解决这个问题。

注意：编辑 PHP 代码需要使用合适的编辑器，这里大飞哥给大家推荐两款可以免费试用的编辑器：Notepad++（Windows）和 EditPdowlus（Wins）。另外有一款收费的 Sublime 编辑器非常好用，想要试用的小伙伴也可以前去购买哦!

接下来介绍第二种访问项目文件的方法。如果通过上述方法还是无法加载 PHP 页面，那我们就可以先将 wamp 目录中的 www 目录清空，只留下 W 图标，直接存放自己的项目即可。虽然这样一来我们就看不到刚才较美观的页面，但是也确实可以实现访问 PHP 文件了!

两种方法任选其一。

图 3-11

3.2 phpMyAdmin

如图 3-12 所示，这是一个 B/S 结构的 MySQL 数据库管理软件，目前我们不会使用它，可以直接略过。在后期我们也不会使用它，我们会使用相应的数据库管理软件。

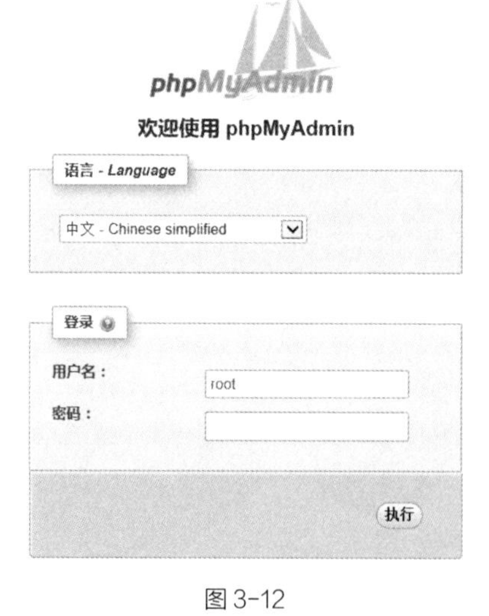

图 3-12

3.3 www 目录

这是一个非常重要的选项，单击它就可以进入 www 目录，这就是我们访问本地服务器时自动加载的根目录！以后的项目都会存储到这个目录中！

3.4 Apache

Apache 选项下的参数如下所示。

- Version：版本号。
- ServiceAdministration：服务开启、关闭。
- Apache：Apache 拓展模块。
- Alias：目录虚拟目录。
- Httpd.conf：配置文件。
- Apache 错误日志：Apache 在运行过程中的错误日志记录。
- Apache 访问日志：Apache 在运行过程中的被访问日志记录。

3.5 PHP

PHP 选项下的参数如下所示。

- Version：版本号（v7.0.4）。
- PHP 设置：设置 PHP 当中的某项服务是否开启。
- PHP 拓展：查看所有的 PHP 拓展模块以及开启的拓展模块。
- Php.ini：PHP 的配置文件（核心文件、勿动）。
- PHP 错误日志：PHP 在运行过程中的错误日志记录。

3.6 MySQL

MySQL 选项下的参数如下所示。

- Version：版本号（v5.7.11）。
- ServiceAdministration：MySQL 服务的开启与关闭。
- MySQL 控制台：管理数据库。
- My.ini：MySQL 的配置文件（核心文件、勿动）。
- MySQL 日志：用来存储 MySQL 信息启动服务、停止服务、重启服务。

3.7 服务配置文件

如果你的服务器丢失了配置文件，程序还是可以继续执行的。但假如程序停止，你就无法将它再次启动！

我们也可以将其理解为是一个电瓶。当我们在开车的过程中电瓶耗尽，汽车还是可以正常行驶的，但是如果汽车熄火了，就会发现无论如何也打不着火了。

3.7.1 配置文件

我们要了解的配置文件有 3 个。

- Apache 服务器的配置文件 httpd.conf。
- PHP 的配置文件 php.ini。

- MySQL 数据库的配置文件 my.ini。

3.7.2 配置文件所在位置

每一个配置文件的所在位置我们也应当有所了解。

- httpd.conf：wamp\bin\apache\apache2.4.18\conf\httpd.conf
- php.ini：wamp\bin\apache\apache2.4.18\bin\php.ini
- my.ini：wamp\bin\mysql\mysql5.7.11\my.ini

3.7.3 注意事项

- php.ini 配置文件中的注释符号是分号（;）。
- httpd.conf 配置文件中的注释符号是井号（#）。
- my.ini 配置文件中的注释符号是井号（#）。
- 配置文件若必须要修改，一定要做备份！
- 配置文件若修改了，则必须重启相应的服务才可生效！

3.8 服务的启动与停止

启停服务的方式有如下 3 种。

- 通过菜单栏直接单击【重启】【启动】【停止】按钮即可。
- 通过计算机“服务”应用（在“开始”菜单中，搜索“服务”）。
- 通过【运行】-【cmd】-【net stop/start wampapache/wampmysqld】。

第 4 章 第一个 PHP 文件

相信通过上一章的学习，我们对于 WAMP 这款软件都有了初步的了解，若还有不太清晰的地方，我们可以在大飞哥的交流群中沟通。其实在前期的学习中，我们并不一定非得把每一个知识点都理解透彻，这样反而很累，倒不如先捡着重点的内容去学习，当你对 PHP 有了深入的了解后，再回过头来看之前的知识点，就会感觉有种无师自通的爽快感了！

这节课，我们就要切实地去写一个属于自己的 PHP 程序啦。当然，我们 PHP 会从最基础的地方开始学习，有大飞哥在你身边，就不用担心啦。

4.1 PHP 文件存储位置

需要再次强调的是，我们的 PHP 文件一定要存放到 wamp 目录下的 www 目录中，因为这是项目的根目录！通过浏览器地址栏输入 localhost 或从“W”菜单访问 Localhost 栏目，都会自动跳转到这个目录下。

大飞哥在 wamp 的 www 目录下创建一个 test 目录，用于存放以后我们的 PHP 测试文件。

4.2 文件命名

创建 PHP 文件前，我们需要先创建一个 txt 文件，再将其后缀名修改为 php，它就成了一个 php 文件啦（后缀名不会调？在【我的电脑】中，单击左上角的【工具】一栏，选择【文件夹选项】，再找到【查看】选项卡，下拉列表往下走，寻找【隐藏已知文件类型的拓展名】选项，取消勾选，即可实现后缀名的显示）。

为什么要选择 txt 文件来创建，因为它是最纯净的文件，可以有效地节省文件占取的内存空间。

那么文件命名又有哪些注意事项呢，大飞哥总结出了以下几点。

- 不要使用中文。
- 不要使用空格。
- 不要使用特殊符号。
- 建议使用有意义的英文单词或拼音。

那为什么又必须按照这些规定来创建 PHP 文件呢？为了 PHP 能够正常地在服务器当中被执行与解析，我们尽量按照这些规定来创建文件，就不会出什么大问题。

4.3 文档格式

文件是创建好了，直接就往里面写内容吗？答案当然是“不可以”，我们一定要记得将文档修改为 UTF-8 无 BOM 格式。这里不能使用 BOM 标签，是为了避免后期 SESSION 会话机制无法使用，所以一定要设置为无 BOM 格式。

如何设置？最简单的一种方式就是使用 Notepad++ 编辑器，在【编码】一栏中选择【转为 UTF-8 无 BOM 编码格式】，如图 4-1 所示。

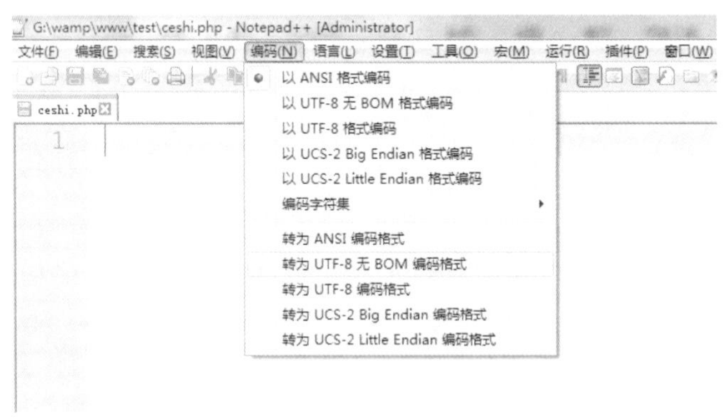

图 4-1

这样，就把当前的 PHP 文档转换为 UTF-8 编码格式啦。在 Notepad++ 窗口下方，可以看到当前文档的编码格式，如图 4-2 所示。

Windows (CR LF) UTF-8 INS

图 4-2

4.4 PHP 语言格式

别看当前的文档已经成了一个 PHP 文档，但其实它也是一个 HTML 文档，我们同样可以在文档中编写 HTML 代码。别忘了，PHP 的本名就叫作超文本预处理器，它要处理的就是超文本，而且它也可以嵌套到超文本 HTML 当中使用。下面我们就通过一个小例子进行演示。以下文件名称为 ceshi.php，如图 4-3 所示。

```
1  <!DOCTYPE html>
2  <html>
3      <head>
4          <title>第一个测试PHP的文件</title>
5          <meta charset="utf-8"/>
6      </head>
7      <body>
8          <h2>你的第一个PHP测试文件</h2>
9          <?php
10             echo '勤能补拙是良训，一分辛苦一分才！';
11         ?>
12     </body>
13 </html>
```

图 4-3

如何来执行这个文件？你需要打开你本地的某个浏览器（大飞哥在这里使用的是谷歌浏览器），在地址栏输入 localhost 即可在网页中查看到你的项目根目录（也就是 www 目录），再寻找到我们刚才创建的 test 目录，去运行我们的测试文件即可，如图 4-4 所示。

localhost/test/ceshi.php

你的第一个PHP测试文件

勤能补拙是良训，一分辛苦一分才！

图 4-4

如果你的浏览器中能够显示出此结果，说明我们的测试已经成功啦！

当然，我们的 PHP 文件不只局限于嵌套在 HTML 中，它也可以独立存在。大飞哥又新建了一个 ceshi1.php 文件，大家会发现只有 PHP 代码，这样的文件也是可行的，如图 4-5 所示。

```
1  <?php
2
3      echo '勤能补拙是良训，一分辛苦一分才！';
```

图 4-5

执行结果如图 4-6 所示。

勤能补拙是良训，一分辛苦一分才！

图 4-6

在上面，我们是直接写了 <?php ?> 这样的句式，当我们在脚本里面遇到它，就说明要开始执行 PHP 的脚本了。这就是 PHP 语言标记。

在 PHP7.0 版本之前，PHP 语言标记支持以下 4 种方式。

- 标准风格：<?php 代码内容 ?>
- 长风格：<script language='php'> 代码内容 </script>
- 短风格：<? 代码内容 ?>
- ASP 风格：<% 代码内容 %>

在 PHP7.0 版本之后，大飞哥测试了一下，只有标准风格和短风格可用，若大家有异议，欢迎指正。

此处需要注意的是，标准风格可以直接使用，但若要使用短风格，需要在 php.ini 里面将配置项开启。开启方式为：单击右下角“W”图标，选择 PHP 菜单栏中的 php.ini，按快捷键 Ctrl+F 搜索 short_open_tag = Off，将 Off 修改为 On 之后，再重启 WAMP 即可使用。

在这里，大飞哥推荐大家使用标准风格。

4.5 PHP 注释符号

任何一门编程语言，都有自己的注释符号，例如 HTML 中的注释符号形如 <!-- 注释内容 -->；CSS 中的注释符号是形如 /* */；同样，PHP 也有它自己的注释符号。

注释符号的作用相信大家都已经有所了解，就是给代码添加一条解释，或用于对代码的调试。PHP 的注释符号有以下 3 种。

- 单行注释：// 注释内容
- 多行注释：/* 注释内容 */
- 脚本注释：# 注释内容

这其中，脚本注释我们应用得相对较少，但是单行注释和多行注释在代码编写中经常用到，所以要熟记于心！注释效果如图 4-7 所示。

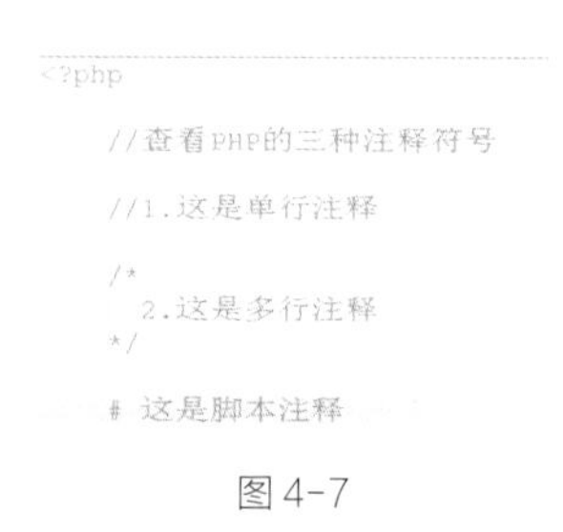

图 4-7

和 HTML、CSS 的注释一样，备注的内容不会在浏览器中呈现！

4.6 注意事项

通过图 4-8 我们可知，无论是 HTML 代码还是 PHP 代码，它们当中的换行、回车、制表符号，都是为了让代码得以更清晰地呈现，因此，这些特殊符号不会对代码内容产生任何影响，只会让当前脚本的存储大小增加而已。

图 4-8 的解析结果如图 4-9 所示。

```
<!DOCTYPE html>
<html>
    <head>
        <title>测试一下</title>
        <meta charset="utf-8" />
    </head>
    <body>
        <h2>测试一下</h2>
        <?php
            echo "把声明的每一天都当成最后一天来过，你的人生将有不一样的精彩！";
        ?>
    </body>
</html>
```

图 4-8

测试一下

把生命的每一天都当成最后一天来过，你的人生将有不一样的精彩！

图 4-9

4.7　PHP 当中的小工具

有些小伙伴可能会问，书中一直在使用类似 echo、var_dump() 这些比较专业的词汇，那么这些到底都是什么东西？对于刚入门的我们来说，这好难。大飞哥想对大家说，别担心，任何你可能感觉有疑惑的知识点，大飞哥都会在后续详细讲解，即便有遗漏的地方也不用担心，我们可以在交流群中探讨，将不懂的知识点通过讨论来解决！

- echo：将一段内容输出到页面上。
- var_dump()：将一段内容打印到页面上（可打印出内容、长度、类型等相关信息）。

在后续的学习中，我们可能也会逐步穿插介绍一些类似的小知识！

第 5 章 PHP 变量详解

5.1 通俗理解变量

变量，乃是任何一门高级编程语言当中必学的一个知识点，也是初出茅庐的新手程序员最难掌握的知识点之一。让人困惑的，并非是变量的定义和使用技巧，而是变量的实际用途。只有掌握了这一点，才能从新手成长为高手。

我们只需要记住一点：变量，就是一个可变的量，犹如一个杯子，我们常见的杯子，它可以来存储各种各样的水的。例如，我们可以用自己的水杯盛白开水、柳橙汁、雪碧、可乐、美年达、啤酒等各种不同类型的饮料。

所以说，变量就是一个容器！

如何来定义一个变量呢？方式其实也非常简单，我们只需要使用一个“$”符号，使用它就可以定义一个变量了！

- 定义变量的符号：$ 变量名
- 例子：$name= " 张三 " 、$sex= " 女 " 、$age=18

5.2 标识符命名规则

标识符的命名规则是：美元符号后面需要给定一个变量的名字。也就是说需要给这个杯子起个名字，方便我们下回再想使用它的时候，能够快速找到。

在定义变量的名字时，需要注意以下几点。

- 可使用字母数字下划线的组合。
- 不能以数字开头。
- 必须严格区分大小写的格式。
- 不能使用关键字来定义。这里的关键字，指的是系统中已经存在的特定单词。
- 建议使用有意义的英文单词或拼音，并使用驼峰命名法，如 $backGroundColor。

5.3 PHP 变量类型

了解了变量之后，我们要做的就是了解一下这个容器可以存放哪些内容。也就是我们所说的变量的数据类型。

图 5-1

在 PHP 当中，我们总共要学习 8 种数据类型。也就是说，无论你以后再看到任何数据，都是躲不开这 8 种数据类型的！掌握它们，会让开发工作变得更加快捷、流畅！下面大飞哥就带大家了解一下这 8 种数据类型。

首先是 4 种标量类型。

- 布尔型（Boolean）
- 整型（Integer）
- 浮点型（Float）
- 字串型（String）

然后是 2 种复合类型。

- 数组型（Array）
- 对象型（Object）

还有 2 种特殊类型。

- 资源型（Resource）

- 空型（Null）

标量类型，是数据结构的基本单元，只能存储一个数据。也就是该杯子只能存放一种水。

复合类型，是一个数据集合，可以包含多种数据，有点类似于鸡尾酒。

特殊类型，是说资源是由专门的函数来建立和使用的。它是一种特殊的数据类型。

图 5-2

看到这里，你也许有一点发懵。别担心，大飞哥在后续的课程中会讲解每一种数据类型的特点以及它的使用方法和注意事项。只需要你每天抽出一点时间来练习，相信它难不倒你。

你可以这么想，我们小时候学习汉字的时候不也是一笔一画写出来的吗？学好常用汉字之后，我们才学造句，然后才是写文章。在现阶段我们所学的 PHP 知识，就相当于一笔一画写汉字，虽然有些枯燥，但是确确实实可以给我们后续编写庞大的程序做一个很好的铺垫！

下面，就让我们从第一种数据类型开始吧！

5.3.1 布尔型（Boolean）

严格来说，这和语文的反义词有点类似，也就是：对错、正反、真假、开关、阴阳……在程序中，在很多情况下会遇到判断。而只要是判断，则必定会有两个对立面，要么就是对，要么就是错，二选一。布尔型类似于判断题，如判断一句话的真假，只不过那是需要人的思考。在计算机中，是要让程序去判断，而程序做判断的依据就是布尔型数据，它会存储两个值！

图 5-3

一个是 true（对），一个是 false（错）。

当我们对一件事物进行判断的时候，通常会使用布尔型数据，例如：

```
<?php
    //布尔型数据小实例

    //1.首先将一个用于判断的信息存储到变量中
    $money = true;                    //true代表有钱、false代表没钱

    //2.开始判断
    if($money==true){
    echo "有钱了，大飞哥要做的第一件事儿，就是带着媳妇儿与家人环游世界！";
}else{
    echo "没钱了，大飞哥就不能继续浪了，还是乖乖回来工作吧~";
}
?>
```

实例执行的结果如图 5-4 所示。

有钱了，大飞哥要做的第一件事儿，就是带着媳妇儿与家人环游世界！

图 5-4

因为大飞哥有钱，因此通过 if 语句的判断，大飞哥就可以去环游世界了！可是如果将 true 修改为 false，那么大飞哥就只能待在家里了。

If 语句为流程控制课程当中的内容，我们在这里提前使用一下，后面会详细介绍。

5.3.2 整型（Integer）

我们从幼儿园开始就接触数学了，这里我们要学习的整数，和我们生活中学习的数学是分不开的，只不过这里是把数学中的数字搬了过来，供 PHP 来使用。PHP 也是可以用来运算的，这就是服务器端语言的强大之处。在后面的实例当中，我们会见证使用 PHP 来实现计算器的功能。其中，整型数据是必不可少的！也可以说整型数据就是一个整数，只不过是一个有范围的整数，它的范围是 -2147483647 至 2147483647。超出此范围之后，整数就会自动转换为浮点类型的数据。

```
// $sum = -2147483647                //最小的整数
// $sum = 2147483647                 //最大的整数
```

在这里，我们需要将整型数据存储到变量中，并且加以运算。PHP 中的运算和数学运算也并无太大区别，大飞哥相信聪明的你一定能看懂！

```
<?php
    // 整型数据的使用

    //定义两个存储整数类型数据的变量
    $number1 = 10;
    $number2 = 20;

    //定义一个用于存储计算结果的变量
```

```
    $sum = 0;

    //开始进行算数运算
    $sum = $number1 + $number2;            //30
    $sum = $number1 - $number2;            //-10
    $sum = $number1 * $number2;            //20
    $sum = $number1 / $number2;            //0.5

    //输出结果
    echo $num;                 //这里可以查看到各项运算的结果
?>
```

这里用到的运算符，在后面章节也有详细的讲解，现在不妨先接触一下 PHP 中最基础的运算符有哪几个！ PHP 中的乘号与除号，和数学中的乘号与除号，有一些区别，但也只是书写方式的不同，计算过程依旧如此。

注意：在 PHP 中，除了我们常见的十进制运算，也支持包括二进制、八进制、十六进制在内的多种进制运算。既然大飞哥说到这里了，那我们就稍微介绍一下。

首先我们要了解一下什么是二进制、八进制、十进制、十六进制。我们从小开始学习的数学都是十进制的，这也是我们最熟悉的一种运算方式，逢十进一就是它最大的特点。而二进制、八进制、十六进制其实也大同小异，只是二进制是逢二进一、八进制是逢八进一、十六进制是逢十六进一。

二进制形如 10010101。

八进制形如 067（在指定的数值前加上 0，则该数就会变成一个八进制的数值）。

十进制形如 12345（PHP 运算默认采用十进制，即便我们拿其他进制数进行运算）。

十六进制形如 0x123（在指定的数值前加上 0x，则该数就会变成一个十六进制的数值）。

大飞哥就说这些，只是为了让大家对不同进制有一个简单的了解，毕竟 PHP 常用的还是十进制，了解一些其他进制有助于我们后续更深入地了解一门语言的运算机制。

```
//整数类型的不同进制形式
echo 0b100101;              //37
echo 067;                   //55
echo 123;                   //123
echo 0xfc0;                 //4032
```

5.3.3 浮点型（Float）

上一节我们看到的数字都是整数，而数学当中又不只局限于整数的运算，也包含了小数的运算，例如 3.141592653，这就是一个小数。在 PHP 中，我们用整型数据存储范围内的整数，用浮点类型存储范围内的小数（浮点数也可以是整数）。

浮点数的存储范围要更大，从 $1.8E^{-308}$ 至 $1.8E^{308}$（1.8×10^{-308} 到 1.8×10^{308}）。若超出此范围，会得到浮点数据 0。

```
<?php
    //浮点型数据
```

```
    //定义存储浮点型数据的变量
    $number1 = 3.141592553;
    $number2 = 5.123456789;

    //定义存储结果的变量
    $sum = 0;

    //开始计算
    $sum = $number1 + $number2;              //8.265049342

    //打印结果
    var_dump($sum);
?>
```

注意：不要将两个浮点型数据进行比较，因为有可能得到意外的结果，如下所示：

```
<?php
//对两个浮点型数据进行比较（尽量不要对浮点型数据进行比较）
$number1 = 0.1;
$number2 = 0.7;
$sum = 0;

//开始计算
$sum = $number1 + $number2;                  //正确情况下应为 0.8

//进行判断（看一下两值相加是否得0.8）
if($sum==0.8){
    echo"计算结果是正确的";
}else{
    echo"计算结果是错误的";      //此项为正确结果
}
?>
```

按正常运算，结果应当是正确的，可系统运行结果如图 5-5 所示。

计算结果是错误的！

图 5-5

5.3.4 字符串型（String）

讲到这里有些读者可能有疑问了，PHP 只能处理这些整数、小数、布尔值吗？如果是中文、英文、其他语言怎么办？别急，大飞哥这就带大家来学习字符串型的数据。在这里，我们就可以将语句、段落等信息存放到变量当中，而且 PHP 中也给字符串准备了众多的小工具，以方便我们操作字符串的内容。

字符串在 PHP 当中有 3 种定义方式。

```
<?php
    //1. 单引号定义
    $str1 = '嫦娥上月球，为啥要带兔子呢？';
```

```
    //2. 双引号定义
    $str2 = "嫦娥上月球，为啥要带兔子呢？";

    //3. 定界符定义
    $str3 = <<<string
            嫦娥上月球，为啥要带兔子呢?
string;
?>
```

其中，第三种定义方式最特别，需要使用3个小于号（<<<）加上一个英文字符串构成，并且结束的时候也必须使用相同的英文字符串顶格结尾（不顶格将会出错。顶格就是将字符串放到该行的最左边）。

字符串中是可以存放变量的。

```
<?php
    //在字符串外部定义一个变量，将其放置到3种字符串定义方式当中，查看结果
    $change ="嫦娥";

    //1. 单引号定义
    $str1 = '$change 上月球，为啥要带兔子呢？';

    //2. 双引号定义
    $str2 = "$change上月球，为啥要带兔子呢？";

    //3. 定界符定义
    $str3 = <<<string
            $change上月球，为啥要带兔子呢?
string;

    //打印结果
    var_dump($str1);
    var_dump($str2);
    var_dump($str3);
?>
```

放置之后的样子如下。

```
<?php
    //字符串型数据:

    //在字符串外部定义一个变量，将其放置到3种字符串定义方式当中，查看结果
    $change = "嫦娥";

    //1. 单引号定义
    $str1 = '{$change} 上月球，为啥要带兔子呢？';

    //2. 双引号定义
    $str2 = "{$change} 上月球，为啥要带兔子呢？";

    //3. 定界符定义
    $str3 = <<<string
```

```
            {$change} 上月球，为啥要带兔子呢?
string;

    //打印结果
    var_dump($str1);
    var_dump($str2);
    var_dump($str3);
?>
```

打印结果如图 5-6 所示。

```
G:\wamp\www\test\4.String.php:21:string '$change 上月球，为啥要带兔子呢？' (length=44)
G:\wamp\www\test\4.String.php:22:string '嫦娥 上月球，为啥要带兔子呢？' (length=43)
G:\wamp\www\test\4.String.php:23:string '                    嫦娥 上月球，为啥要带兔子呢？' (length=46)
```

图 5-6

第一个变量 $change 并没有被解析；第 3 个字符串 " 嫦娥 " 前有空白，原因是在定界符中定义的字符串是按原格式输出的。在源代码中，$change 前的几个 Tab 键也被打印出来了！

一定要在变量后面加上空格，否则会出问题！为了避免出现不必要的问题，建议写成如下样式：

```
//字符串型数据:

//在字符串外部定义一个变量，将其放置到3种字符串定义方式当中，查看结果
$change ="嫦娥";

//1.单引号定义
$str1 = '{$change} 上月球，为啥要带兔子呢？';

//2.双引号定义
$str2 ="{$change} 上月球，为啥要带兔子呢？";

//3.定界符定义
$str3 = <<<string
            {$change} 上月球，为啥要带兔子呢?
string;

//打印结果
var_dump($str1);
var_dump($str2);
var_dump($str3);
```

给每一个变量都加上大括号之后的运行结果如图 5-7 所示。

```
G:\wamp\www\test\4.String.php:21:string '{$change} 上月球，为啥要带兔子呢？' (length=46)
G:\wamp\www\test\4.String.php:22:string '嫦娥 上月球，为啥要带兔子呢？' (length=43)
G:\wamp\www\test\4.String.php:23:string '                    嫦娥 上月球，为啥要带兔子呢？' (length=46)
```

图 5-7

第 2 个和第 3 个字符串都是老样子，第 1 个字符串加上了大括号依然不能解析，因此我们得出如下结论。

- 单引号定义的字符串不能解析变量。
- 双引号和定界符可以解析变量。
- 建议给字符串中的变量加上花括号。

字符串的另一个特点，是可以解析一些非打印字符（非打印字符，就是确确实实存在的，但是不会被打印出来字符，例如回车、换行符号）。下面是 3 个非打印字符。

- \r 换行
- \n 回车
- \t 制表符（相当于一个 Tab 键）

将 3 种非打印字符放入字符串中后，结果如下所示：

```
<?php
   //1. 单引号定义
   $str1 = '嫦娥上\r\n月球,为啥要带\t兔子呢? ';

   //2. 双引号定义
   $str2 = "嫦娥上\r\n月球,为啥要带\t兔子呢? ";

   //3. 定界符定义
   $str3 = <<<string
           嫦娥上\r\n月球,为啥要带\t兔子呢?
string;

   //打印结果
   var_dump($str1);
   var_dump($str2);
   var_dump($str3);
?>
```

打印结果如图 5-8 所示。

```
G:\wamp\www\test\4.String.php:21:string '嫦娥上\r\n月球, 为啥要带\t兔子呢？' (length=48)

G:\wamp\www\test\4.String.php:22:string '嫦娥上
月球, 为啥要带   兔子呢？' (length=45)

G:\wamp\www\test\4.String.php:23:string '                              嫦娥上
月球, 为啥要带   兔子呢？' (length=48)
```

图 5-8

由此可见，单引号是不支持解析非打印字符的，但是双引号和定界符都解析了，因此我们总结出以下几点。

1. 单引号不支持解析非打印字符。
2. 双引号和定界符支持解析转义符号。

那么单引号、双引号以及定界符能不能嵌套写入单、双引号的符号进去?

```
<?php
   //1.单引号定义
   $str1 = '嫦娥上'月球',为啥要带兔子呢? ';
   $str2 = "嫦娥上"月球",为啥要带兔子呢? ";
?>
```

大飞哥在字符串中又放入了单引号以及双引号，将“月球”两个字选中，发现月球的颜色变了，运行结果如图 5-9 所示。

```
( ! ) Parse error: syntax error, unexpected '月球' (T_STRING) in G:\wamp\www\test\4.String.php on line 8
```

图 5-9

PHP 报错了，这个错误告诉我们，'月球'这个位置出了问题，那肯定就说明单引号中不能再次嵌套单引号，双引号中不能再次嵌套双引号！程序在解析字符串时，从第一个单引号或双引号开始，遇到第二个单引号或双引号，就默认当前字符串书写结束了，因此后面的'月球'暴露在了 PHP 程序当中，这就是报错的原因！所以，如果我们想要在字符串中再次嵌套单引号或双引号，只能借助转义符号（反斜线 \），示例如下：

```
<?php
   //1.单引号定义
   $str1 = '嫦娥上\'月球\',为啥要带兔子呢？';
   $str2 = "嫦娥上\"月球\",为啥要带兔子呢？";
?>
```

这样一来，具有特殊含义的单、双引号就变成了普通的字符，因此不会再报错，打印出来的结果如图 5-10 所示。

```
G:\wamp\www\test\4.String.php:21:string '嫦娥上'月球'，为啥要带兔子呢？' (length=44)
G:\wamp\www\test\4.String.php:22:string '嫦娥上"月球"，为啥要带兔子呢？' (length=44)
```

图 5-10

或者，我们可以使用这种方式在单、双引号当中放置符号：

```
<?php
 //1.单引号定义
 $str1 = '嫦娥上"月球",为啥要带兔子呢？';
 $str2 = "嫦娥上'月球',为啥要带兔子呢？";
?>
```

在单引号中放置双引号，双引号中放置单引号，就可以有效避免报错的出现！打印出来的结果如图 5-11 所示。

```
G:\wamp\www\test\4.String.php:21:string '嫦娥上"月球"，为啥要带兔子呢？' (length=44)
G:\wamp\www\test\4.String.php:22:string '嫦娥上'月球'，为啥要带兔子呢？' (length=44)
```

图 5-11

因此大飞哥做出了如下总结。

- 单引号中不能插入单引号。
- 双引号中不能插入双引号。
- 单双引号可以相互嵌套，不能自己嵌套自己。

有同学问了，大飞哥，怎么你把定界符方式定义给丢掉了？在这里大飞哥要强调一句，定界符是 3 种字符串定义中最强大的一种，可以任意插入单双引号、非打印字符以及变量，但是我们还是推荐使用单引号或双引号来定义字符串，这样做是为了更方便地操作一段字符串。

接下来，如果是常规套路，应该介绍数组型、对象型、资源型这三种数据类型，但大飞哥自有打算，先来介绍空型，然后在后面的单独章节中再去介绍上述3种数据类型。所以大家也不必担心。

5.3.5 空型（Null）

这种数据结构，通常表示一种状态：一个杯子空了，我们可以说它是null；一个盒子内没有东西，我们也可以说它是null……因此我们可以这样理解：一个变量没有存储任何内容的时候，我们将称其为null。null也是一个数据，用于表示状态。在以下3种情况下，我们会得到null空类型的数据。

- 变量存储了null类型的数据。
- 一个不存在的变量。
- 一个被销毁的变量。

图5-12

了解了变量这样一个存储信息的介质之后，我们的心中又有了一些问号，变量能够进行字符串的运算，那能不能进行一些数学运算呢？例如简单的加减乘除？在这里要肯定地告诉大家，当然可以！任何一门编程语言都是可以进行这些运算的，PHP也不例外！在下一章中，就让我们一起来看看PHP是如何来进行运算的！

第 6 章 PHP 运算符详解

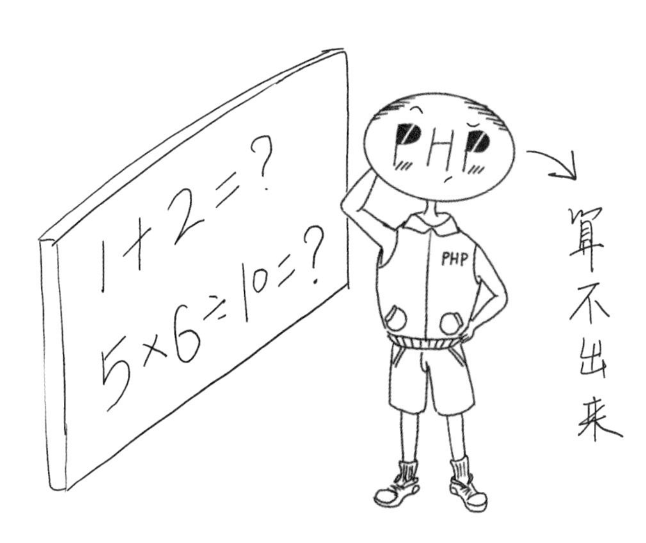

当我们需要在程序中进行计算时，需要使用运算符！其实，PHP 当中的运算符和数学当中的运算符有一些类似，它包括：算术、赋值、比较、逻辑和其他运算符。

6.1 算术运算符

首先，我们要看的就是我们从小学就开始学习的算术运算符。除了求余运算符和递增递减的运算符，相信其他的内容大家都能够很快理解，因此大飞哥不用赘述了。

在 PHP 中，常用的运算符包含加法运算符 (+)、减法运算符 (-)、乘法运算符 (*)、除法运算符 (/)、取余运算符 (%)、递增运算符 (++) 和递减运算符 (--)。具体操作方法如下所示，需要着重学习的内容，就是求余、递增和递减的操作。

```
?php
//算数运算符  +  -  *  /  %  ++  --
```

```
    //定义存放初始值的变量
    $number1 = 37;
    $number2 = 10;

    //定义存储结果的变量
    $sum = 0;

    //开始运算
    $sum = $number1 + $number2;              //30
    $sum = $number1 - $number2;              //-10
    $sum = $number1 * $number2;              //200
    $sum = $number1 / $number2;              //0.5
    $sum = $number1 % $number2;              //10
?>
```

在某些情况下，我们会进行一些比较特殊的运算。例如，我们要进行循环操作时，用一个变量的值来计算这个循环程序执行了几次，那就要每循环一次都在这个变量上增加1，以此来统计，这就要用到算术运算符中比较特殊的运算符了，那就是一元运算符，具体操作请看下面的案例：

```
<?php
    //递增和递减（一元运算）

    //定义初始变量
    $number = 10;

    //递增运算（每次增加1）
    echo $number++; //10
    echo $number;   //11
?>
```

此时我们会发现，咦？怎么第一次输出 $number 的值时结果不是11？第二次输出才变成了11，这就是PHP底层运算顺序的问题了，因为程序首先执行了echo输出的这个动作，因此提前把10这个结果输出了，但是在下一行输出的时候，上一行的运算已经结束了，因此结果为11；如果想要在第一次输出的时候就想得到11的结果，那你需要这样写：

```
<?php
    //递增和递减（一元运算）

    //定义初始变量
    $number = 10;

    //递增运算（每次增加1）
    echo ++$number; //11
?>
```

一元运算符号可以放到运算元的前方，这样一来，就会优先执行加1的操作，因此会得到11的结果，你学会了吗？

下面我们来做个小练习：

```
<?php
    //递增和递减(一元运算)练习

    //定义初始变量
    $number = 10;

    //请计算出如下公式的结果
    $sum = $number++ + ++$number;
    $sum = ++$number + ++$number;
    $sum = ++$number + $number++ + $number++;

    //输出结果
    var_dump($sum);  //结果分别为:22、23、34
?>
```

6.2 赋值运算符

接下来，我们看一下关于赋值这一主题的运算符操作。说到赋值操作，其实就是把两个值运算结果赋值给第三个变量，让它保存起来的操作。只不过在这里，我们会学习很多种赋值方式，涵盖了：赋值运算符 (=)、加等于运算符 (+=)、减等于运算符 (-=)、除等于运算符 (/=)、模除等于运算符 (%=) 和点等于运算符 (.=)。

学习本小节的内容，最好的方法就是多多练习，在练习的过程当中遇到不理解的内容，一定要及时记下来，最好能够当天解决！

```
<?php
    //赋值运算符的使用

    //将等号右侧的值赋值给左侧的变量
    $name = "张三";
    $sex = "男";

    //可以把不同类型的值存储到左侧的变量
    $number1 = 10;
    $number = 20;

    //开始运算
    $number1 += $number2;    //相当于 $number1 = $number1 + $number2;
    $number1 -= $number2;    //相当于 $number1 = $number1 - $number2;
    $number1 *= $number2;    //相当于 $number1 = $number1 * $number2;
    $number1 /= $number2;    //相当于 $number1 = $number1 / $number2;
    $number1 %= $number2;    //相当于 $number1 = $number1 % $number2;
    $number1 .= $number2;    //相当于 $number1 = $number1 . $number2;

    //输出运算结果
?>
```

6.3 比较运算符

说到比较运算符，大家应该没忘记小学时候的数学题，左右各一个数，中间一个小方框，让你来填写比较运算符号，本小节要学习的就是比较运算符，涵盖了：大于号运算符（>）、小于号运算符（<）、大于等于号运算符（>=）、小于等于号运算符（<=）、判断是否相等运算符（==）、判断是否全等运算符（===）、判断是否不相等运算符（!=）和判断是否不全等运算符（!==）。

这些运算符中，前面几个大家都不陌生，对于后面的判断是否相等与全等的部分需要着重去看！

```
<?php
    //比较运算符

    //给变量赋值
    $number1 = 10;
    $number2 = 20;

    //开始判断
    var_dump($number1 < $number2);           //true
    var_dump($number1 > $number2);           //false
    var_dump($number1 <= $number2);          //true
    var_dump($number1 >= $number2);          //false
    var_dump($number1 == $number2);          //false
    var_dump($number1 != $number2);          //true
?>
```

某些时候，我们对两个不同类型的值进行比较，可能出现一些特殊的情况，例如，当 $a = 10、$b = '10'; 时，如果直接用 '==' 号进行对比，则会得到 'true' 的结果，这是因为两个变量在进行值的比较时会自动触发 PHP 的自动类型转换，因此两值都会自动转换为整型的 10，并进行比较，所以会得到 'true' 的结果。

如果想比较两个变量的类型，可以使用如下方式：

```
<?php
    //判断是否全等

    //给变量赋初值
    $number1 = 10;
    $number2 = '10';

    //进行判断
    var_dump($number1 === $number2);         //是否全等：false
    var_dump($number1 !== $number2);         //是否不全等：true
?>
```

6.4 逻辑运算符

在日常生活当中，我们多多少少应该听到过某个领导对他的手下说：“你做事儿怎么一点逻辑性都没有？”意思也就是说那个人做事儿没条理，效率非常低下。因此，我们本小节要讲的就是如何赋予程序逻辑思想。有了逻辑思想的程序，办起事儿来事半功倍，同时也会让我们的程序运算速度更快，运行起来更富逻辑性！

6.4.1 逻辑与（&& 或 and）

首先我们要讲的就是逻辑与，说到“与”这个字儿，我们不难想到，“鱼与熊掌不可兼得……”，“与”意味着前后两个条件具有一定的关联性。在程序当中，当我们看到“&&”或“and”时，则代表了这是一个逻辑与的条件，使用这两个符号关联的条件，必须同时成立，我们才视其为成立；只要有一方不成立，无论其后有多少个条件成立了，我们都认为这个判断不成立！

也就是说，所有的判断条件必须全部符合，否则判断不成立。

```
<?php
    //逻辑与运算符

     //我们想要拥有好体质，那就要睡好、吃好、运动好。这三项必须同时成立，我们才能有一个健康体质，否则有任何一项不成立，我们的体质都会出现一些问题，因此请参看如下程序：

//定义变量
$sleep = true;
$food = true;
$sports = true;

//开始判断
if($sleep==true && $food==true && $sports==true){
   echo "你拥有了健康的好体质！！";
}else{
   echo "你的身体出现了一些问题！！";
}
?>
```

6.4.2 逻辑或（|| 或 or）

接下来我们要说的是逻辑或，其实就是常说的“或者”，也就代表了我们所说的对象是有选择性的，例如，大飞哥想吃盖饭或面条，经过一番思想斗争，最终选择了最喜欢吃的面条，大家可以看到，无论大飞哥选择哪种食物，最终是能够填饱肚子的！因此，逻辑或意味着当我们有多个条件可选择时，只要有一个条件符合要求，那么整个条件判断就算是成立了；若是一条符合条件的内容都没有，则意味着这个条件判断不成立！

也就是说，在所有的判断条件中，只要有一个符合条件则判断成立。

```
<?php
    //逻辑或运算符

    //定义变量
```

```
    $noodles = true;
    $rice = false;

    //开始判断
    if($noodles==true || $rice==true){
    echo "大飞哥终于吃到了自己喜欢吃的食物! ";
}else{
    echo "大飞哥什么都没吃到，因为什么饭都没有! ";
}
?>
```

6.4.3 逻辑非（!）

最后我们要说的是逻辑非，“非”这个字我们也不少见啊，例如“来而不往非礼也”，这里的“非”代表了“不是，无礼”，它是“是，有礼”的反义词，因此，当我们在条件判断语句中看到了逻辑非运算符，则代表着这条判断是取反的，“是即为不是，不是即为是”，希望这里没有把你绕晕。

下面我们用一个小例子来给大家讲解一下。例如当有人问大飞哥，你喜欢吃米饭？大飞哥摇摇头，说“非也，非也”，那则意味着大飞哥不喜欢吃米饭。

也就是说无论逻辑运算式如何去写，都可以使用逻辑非运算符取反。

```
<?php
    //逻辑非运算符

    //定义变量
    $rice = false;

    //条件判断
    if(!$rice){
        echo "大飞哥不喜欢吃米饭，大飞哥喜欢吃面条! ";
}
?>
```

上面的程序大家可以看到，我们在“if”条件判断中直接把 $rice 放进去了，这里的 $rice 会直接替换成布尔型数据 false，因此我们在前方加上叹号“!”，则这里的 false 的含义就变成了 true，因此当 $rice 的值为 false 时，代表了大飞哥不喜欢吃米饭。

6.5 字符串运算符

接下来我们要看的是“字符串运算符”，听名字就知道了，它是用来操作字符串的。当我们想要将多个字符串串联起来时，用它来实现最适合不过了！这就是我们的字符串连接符号“.”。

```
<?php
    //字符串运算符

    //定义变量
```

```
    $word1 = "挑战";
    $word2 = "探寻";

    //开始字符串连接操作
    $sentence = "生活充满了各种".$word1."，它需要我们不断去".$word2."！";
?>
```

在上面的小案例当中，我们会发现，一个完整的句子变成了 4 个部分：第 1 部分是前面的句子，后面使用“.”连接了第 2 部分的单词“挑战”，接下来着是第 3 部分的句子，最后是第 4 部分的“探寻”。而输出的结果也是一个完整的句子“生活充满了各种挑战，它需要我们不断去探寻！”

6.6 其他运算符

到这里，基本上常用的运算符我们都了解啦！是不是很容易呢？下面的一些运算符都是不太常用，但是很有意思的运算符，因此大飞哥在这里也给大家讲一下。

6.6.1 反引号运算符（"）

首先就是反引号运算符，我们通常在 CMD 面板【DOS 系统或 Linux 系统】中操作的命令，其实也可以在 PHP 脚本中来执行。例如我想要查看一下自己的 IP 地址，并且将其输出到浏览器中，此时就可以使用如下方式来执行。

```
<?php
    //反引号运算符的使用（不推荐使用）
    echo "<pre>";
        echo 'ipconfig/all';
    echo "</pre>";
?>
```

因为这种操作具有安全风险，因此大飞哥不推荐大家常用它，因为如果某天你不小心执行了包含 rm -rf 的 Linux 命令，你会惊奇地发现，你的系统被删除了，或者某个重要的文件夹被删掉了，这都是非常危险的！

6.6.2 错误抑制符（@）

错误抑制符是一个挺有用的运算符，因为它可以抑制脚本程序当中某个报错的位置，但是这种错误也被某些“偷懒”的程序员来抑制一些需要解决的错误，因此除了一些不必要的提示信息 (Notice)，像类似于 Warning 和 Fatal Error 的错误，我们均不要使用 @ 来抑制，这治标不治本！

```
<?php
    // 错误抑制符（不推荐使用）
    echo @$a;//当我们输出一个不存在的变量时，会出现一个Notice提示，@符号会抑制这个信息的提示。
```

```
    @var_dump();//var_dump调试时，如果我们不输入被调试的变量，则会提示一个Warning警告，我们也可以使用@抑制符号抑制掉，但这不是明智之举。
?>
```

6.6.3 三元运算符（?:）

三元运算符，是一个较为常用的符号，因为包含了3个运算元，因此被称为三元运算符，通常我们需要在判断的同时输出一些内容时，会使用到三元运算符。例如，将来我们常常会判断一个变量的值是w还是m，如果是w则意味着要输出“女士”，否则输出“男士”。

```
<?php
    //三元运算符

    //定义变量
    $sex = "m";

    //使用三元运算符判断是男性还是女性
    echo $sex == 'm' ? '男士' : '女士';
?>
```

三元运算符会首先判断问号前面的表达式是否成立，若成立，则选择问号后面，冒号前面的代码执行；若不成立，则会执行冒号后面的部分，因此这道题的答案肯定是“男士”。

6.6.4 提升运算符优先级（( )）

就像数学运算一样，在某些情况下，我们需要将运算当中的某些部分的优先级提升，这时我们就可以使用提升运算符优先级的“()”。

```
<?php
    //提升运算符优先级

    //定义用于存储结果的变量
    $jieguo = 0;

    //开始运算
    $jieguo = 1 + 2 + 3 + 4 * 5 / 6 % 7 - 8;//结果为:1
    $jieguo = (1 + 2 + 3 + 4) * 5 / 6 % 7 - 8;       //结果为:-7
?>
```

6.6.5 运算符的优先级

将来我们遇到的运算符还有很多，但是大家不用担心，我们可以通过参考表6-1来查看哪些运算符的优先级更高，谁会更先运行。别小瞧这个运算级别哦，它真的会影响程序运行的结果。

表 6-1

<table>
<tr><th colspan="3">运算符优先级</th></tr>
<tr><th>结合方向</th><th>运算符</th><th>附加信息</th></tr>
<tr><td>无</td><td>clone new</td><td>clone 和 new</td></tr>
<tr><td>左</td><td>[</td><td>array()</td></tr>
<tr><td>右</td><td>**</td><td>算术运算符</td></tr>
<tr><td>右</td><td>++---~(int) (folat) (string) (array) (object) (bool) @</td><td>类型和递增 / 递减</td></tr>
<tr><td>无</td><td>instanceof</td><td>类型</td></tr>
<tr><td>右</td><td>!</td><td>逻辑运算符</td></tr>
<tr><td>左</td><td>* / %</td><td>算术运算符</td></tr>
<tr><td>左</td><td>+ - .</td><td>算术运算符和字符串运算符</td></tr>
<tr><td>左</td><td><< >></td><td>位运算符</td></tr>
<tr><td>无</td><td>< < = > > =</td><td>比较运算符</td></tr>
<tr><td>无</td><td>== ! ==== !== <> <=></td><td>比较运算符</td></tr>
<tr><td>左</td><td>&</td><td>位运算符和引用</td></tr>
<tr><td>左</td><td>^</td><td>位运算符</td></tr>
<tr><td>左</td><td>|</td><td>位运算符</td></tr>
<tr><td>左</td><td>&&</td><td>逻辑运算符</td></tr>
<tr><td>左</td><td>||</td><td>逻辑运算符</td></tr>
<tr><td>左</td><td>??</td><td>比较运算符</td></tr>
<tr><td>左</td><td>?:</td><td>ternary</td></tr>
<tr><td>右</td><td>= += -= *= **=/=. =%=&= |= ^= <<= >>=</td><td>赋值运算符</td></tr>
<tr><td>左</td><td>and</td><td>逻辑运算符</td></tr>
<tr><td>左</td><td>xor</td><td>逻辑运算符</td></tr>
<tr><td>左</td><td>or</td><td>逻辑运算符</td></tr>
</table>

在本章节学习了这么多运算符，大脑瞬间感觉不够使了。下面的章节，我们就可以松口气学习点非常有意思的内容了！那就是流程控制。有了流程控制，我们的程序也可以像人类一样进行思考了！

第 7 章 PHP 流程控制结构

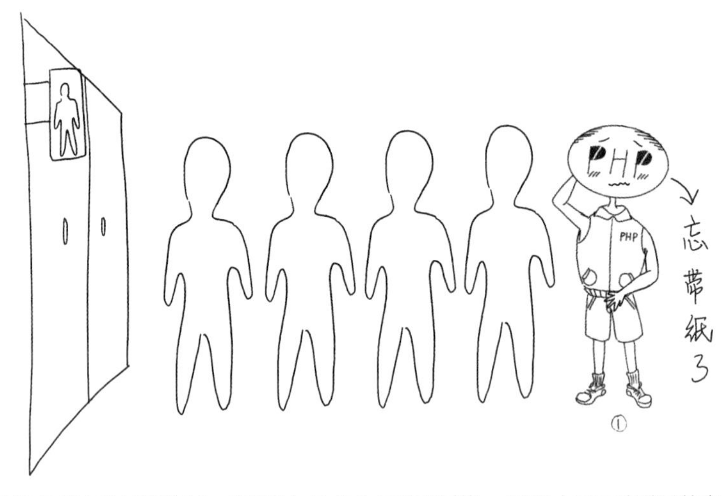

在本章，我们将学习流程控制。听到这名字先不要惊慌，且听大飞哥娓娓道来这其中的真谛。

先举个例子：有一次大飞哥去吃海鲜自助，没过一会儿……

1. 大飞哥肚子疼了起来。
2. 大飞哥于是立刻去找手纸（找到 / 没找到）。
3. 大飞哥飞奔向厕所（有空位 / 没空位）。
4. 蹲下，锁门……
5. 结束。

看到这里大家什么感觉？同学说这很正常啊！我们也是这样。那就对了！一个人以正常思维去认识这件事，就能轻松理解。整个过程中，少了哪个步骤，这个流程就会出现意想不到的结果……接下来我们回到 PHP。

在 PHP 中，流程控制共分为 3 种结构，分别是顺序结构、分支结构和循环结构。

7.1 顺序结构

代码按照从上到下，从左往右的顺序执行，这就是顺序结构，如图 7-1 所示。

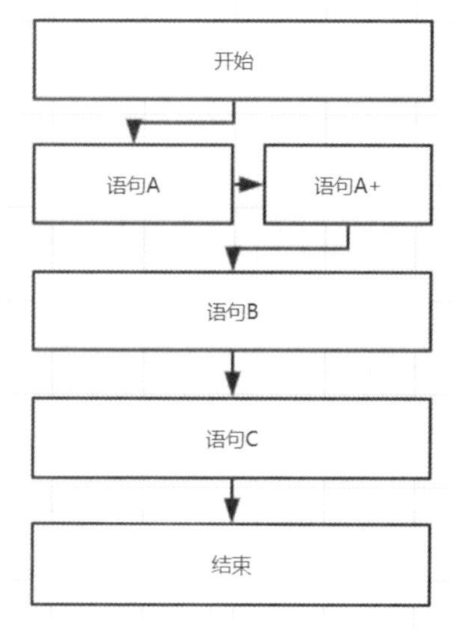

图 7-1

7.2 分支结构

分支结构的执行是依据一定的条件选择执行路径，需要先进行条件的判断。分支结构还分为单一的分支结构、双向分支结构和多向分支结构，如图 7-2 所示。

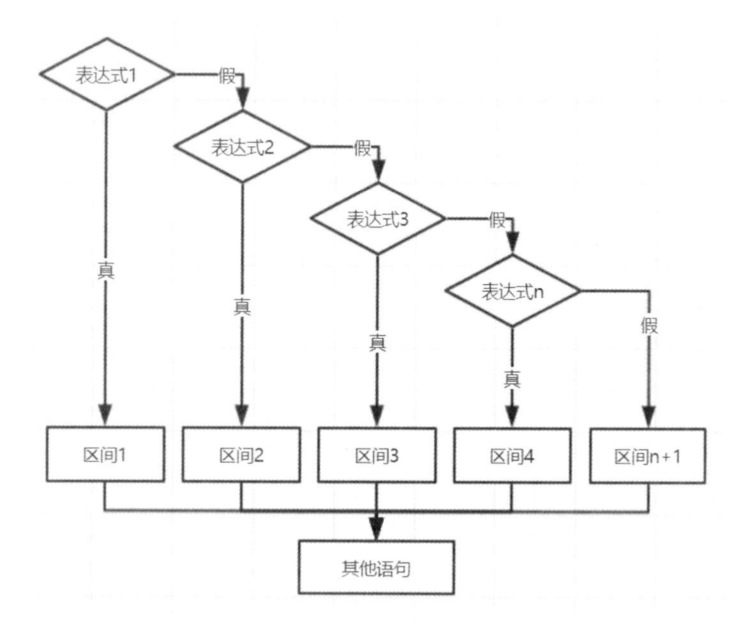

图 7-2

7.2.1 单一的分支结构

在前面的案例中，其实我们已经发现了这种分支结构的影子，这里大家模仿实例进行练习，即可掌握其中的真谛。

```
<?php
    //流程控制 - 单一的分支结构：if
    // if(这里是判断条件){
    // 若条件成立，则执行本行代码；否则直接跳出当前if判断。
// }

// 好看的皮囊千篇一律，有趣的灵魂万里挑一。

//定义出事变量
$knowledge = false;

//开始判断
if( $knowledge==true ){
    echo "腹有诗书气自华！";
}else{
    echo "没文化，真可怕！";
}
?>
```

注意：如果 if 分支小括号中的条件表达式不成立，则不会执行花括号中的内容。

7.2.2 双向分支结构

双向分支结构，在单一分支结构的基础之上进行了些许改进，即多了一个 else 分支，这意味着如果 if 后面的分支没有执行，肯定会执行 else 分支后的内容。

```
//双向分支结构：if……else……

//语法结构：

/*
if(条件表达式){
    条件表达式成立，执行此处代码；
}else{
    条件表达式不成立，执行此处代码；
}
*/

//定义初始变量
$knowledge = false;

//执行判断
if($knowledge == true){
    echo "腹有诗书气自华";
```

```
}else{
    echo "没文化，真可怕";
}
```

7.2.3 多向分支结构（一）

多向分支结构包含了多个可能的执行条件，执行特点为：若在执行分支时发现了符合条件的分支，则选择其之后的程序体执行，执行完毕则直接跳出整个分支。

```
//多向分支结构一:
//语法结构
/*
if(条件表达式一){
    条件表达式一成立，则执行此处代码;
}else if(条件表达式二){
    条件表达式二成立，则执行此处代码;
}else if(条件表达式n){
    条件表达式n成立，则执行此处代码;
}else{
    若上述条件都不成立，则执行此处代码;
}
*/

//定义存储成绩的变量
if($chengji >= 90 && $chengji<=100){
    echo "恭喜你，考试成绩优秀；哎呦，不错哦~~";
}else if($chengji >= 80 && $chengji<90){
    echo "嗯，还可以，继续努力！";
}else if($chengji >= 70 && $chengji<80){
    echo "勉勉强强，还可以吧，但是还有上升空间！";
}else if($chengji >= 60 && $chengji<70){
    echo "你危险了，再不努力就要重修了！";
}else if($chengji >= 0 && $chengji<60){
    echo "你还是回火星吧，地球是很危险！";
}else{
    echo "您输入的分数有问题，请检查后重试！";
}
```

7.2.4 多向分支结构（二）

这是多向分支结构的第二种写法。多向分支结构（二）和多向分支结构（一）的区别在于，后者通常用于条件表达式的判断，而前者常用于变量值的判断。

```
<?php
    //多项分支结构二: switch 分支

    //语法结构书写方式
    /*
    switch(要进行值判断的变量){
```

```
    case 值1:          //若变量为值1
        执行此处程序;
        break;
    case 值2:          //若变量为值2
        执行此处程序;
        break;
    case 值n:          //若变量为值n
        执行此处程序;
        break;
    default:
        若变量的值不存在于上述列表，则执行此处程序。
        break;
}
*/

//了解了Switch的结构后，请大家仔细查看下面程序的输出结果
$week ="周五";

//开始使用switch分支进行变量值的判断
switch($week){
    case "周一":                //若 $week 值为 "周一"
        echo "新的一周开始了，小蜜蜂开始了辛勤的工作~~";
        break;
    case "周二":                //若 $week 值为 "周二"
        echo "周二了，小蜜蜂依然在辛勤地工作~~";
        break;
    case "周三":                //若 $week 值为 "周三"
        echo "周三了，小蜜蜂依然仍然在辛勤地工作~~";
        break;
    case "周四":                //若 $week 值为 "周四"
        echo "周四了，小蜜蜂想了想，反正还有一天，加把劲吧！";
        break;
    case "周五":                //若 $week 值为 "周五"
        echo "周五了，最后一天！撸起袖子加油工作！";
        break;
    case "周六":                //若 $week 值为 "周六"
        echo "大早上接到了老板的电话，来，加班吧~~";
        break;
    case "周日":                //若 $week 值为 "周日"
        echo "加班了一天一夜，周日睡了一整天，继续迎接下周的工作……";
        break;
    default:
        echo "小蜜蜂去追求自己的诗与远方了……";
        break;
}
?>
```

7.2.5 巢状分支结构

在分支当中还有分支，分支套分支的结构就属于巢状分枝结构，它的特点是外层分支条件成立

后才能执行内部分支的内容。

```
<?php
    // 巢状分支结构
    // 大飞哥想成为畅销书作者，有一些硬性条件要达成。
    /*
    粉丝：100w
    销量：100w
*/

// 定义变量
$fans = '100w';
$sales = '100w';

// 开始进行判断
if( $fans=='100w' && $sales=='100w' ){
    echo '大飞哥成为了畅销书作者！';

    //虽然已是畅销书作者，可大飞哥不满足，继续努力，誓要成为世界级畅销书作者。
    /*
    粉丝：1000w
    销量：1000w
*/
    if( $fans=='1000w' && $sales=='1000w' ){
    echo '大飞哥成为了世界级畅销书作家！';

    //接下来，大飞哥的目标是诺贝尔文学奖~
    /*
    粉丝：1亿
    销量：1亿
*/
if( $fans=='1亿' && $sales=='1亿' ){
    echo '大飞哥成为了诺贝尔文学奖得主！';
}
}
}
?>
```

有了分支结构还不够，有一些流程我们每天都会重复执行，因此代码将会变得相当臃肿。为此，我们接下来需要学习循环结构，来解决这一问题。

7.3 循环结构

一日三餐，工作休息，这就是我们程序员的日常循环，但是这个循环是需要在一定条件的基础上执行的。比如大飞哥某天病了，吃不下饭，睡不好觉，因此这个循环可能就会出现问题，不得不中断！这就是循环的基本概念。

下面我们首先了解一下 while 循环，该循环通常用于条件判断。

7.3.1 while 循环

while 循环的特点就是先问条件是否成立，成立就执行，不成立就直接跳过该循环：

```
<?php
   //刘备想要请诸葛亮出山，但必须得三顾茅庐，诸葛亮才会出山

   //定义一个用于统计次数的变量
   $i - 1;

   //开始循环
   while( $i<=3 ){
      //判断是不是到了第3次
      if( $i==3 ){
          echo "诸葛亮终于打开了门!";
}else{
   echo "刘备第1次前往茅庐请诸葛亮出山，诸葛亮没开门!<br/>";
}

//每判断完1次，就需要给用于同级次数的变量加1，否则会出现死循环
$i++;
}

?>
```

打印结果如图 7-3 所示。

刘备第1次前往茅庐请诸葛亮出山,诸葛亮没开门!
刘备第2次前往茅庐请诸葛亮出山,诸葛亮没开门!
诸葛亮终于打开了门!

图 7-3

有了上述实例的基础后，你可以在脚本文件中实践下面的实例。

```
?php
   // 使用while循环，输出5行1
   // 定义初始变量
   $i = 1;

   //开始循环
   while($i<=5){
      echo "1<br/>";
      $i++;
}
?>
```

打印结果如图 7-4 所示。

1
1
1
1
1

图 7-4

你可能会说，这太简单了，没什么挑战性，再给我来十个也没问题！别急，看看下面这个能不能写出来！

```
<?php
  //使用while循环，输出3行3列1

  //定义行
  $hang = 1;

  //开始循环行
  while( $hang<=3 ){

      //定义列
      $lie = 1;

      //开始循环列
      while( $lie<=3 ){
             echo "1";
             $lie++;
}

echo "<br/>";
$hang++;
}
?>
```

打印结果如图 7-5 所示。

```
111
111
111
```

图 7-5

上面的实例不再是一层循环了，我们会发现两层循环嵌套到了一起，这种程序解读起来不能急，需要一层层地往里读，一定是没有问题的！当熟悉了上面的实例后，就可以看看下面的这个实例了！这是升级版哦！

```
<?php
  //使用while循环，输10行5列表格
  echo "<table border='1' width='300'>";

      //定义行
      $hang = 1;

      //开始循环行
      while($hang<=10){

          //判断$hang是否为偶数，是偶数则添加背景颜色
          if( $hang%2==0 ){
              echo "<tr style='background:yellow;'>";
          }else{
```

```
            echo "<tr>";
        }
            //定义列
            $lie = 1;
            while( $lie<=5 ){
               echo "<td>1</td>";
               $lie++;
            }
        echo "</tr>";
        $hang++;
    }
   echo "</table>";
?>
```

打印结果如图 7-6 所示。

1	1	1	1	1
1	1	1	1	1
1	1	1	1	1
1	1	1	1	1
1	1	1	1	1
1	1	1	1	1
1	1	1	1	1
1	1	1	1	1
1	1	1	1	1
1	1	1	1	1

图 7-6

其实循环的结构还是一样的，只不过我们在循环中嵌套了部分输出表格的代码，把这一部分代码去除，会发现其结构和上面的实例基本没有区别。好，练习得差不多了，继续看下面的实例，看看自己能不能写出来。

```
<?php
   // 请使用while循环，实现下面图形的输出
   /*
   *
   *  *
   *  *  *
*/
// 定义行
$hang = 1;

//开始循环
while( $hang<=3 ){

   //定义列
   $lie = 1;
   while( $lie<=$hang ){
```

```
    echo "* ";
    $lie++;
}

echo "<br/>";
$hang++;
}
?>
```

打印结果如图 7-7 所示。

```
*
* *
* * *
```

图 7-7

通过上述这些实例，我们对 while 循环的使用方法已经有了初步的了解。这里要注意，循环嵌套最好不要超过 3 层，因为逻辑太复杂，读起来就会太费力。接下来我们就看看 do…while 循环的特点和使用方法。

7.3.2 do…while 循环

do…while 循环和 while 循环在使用上区别并不是很大，但是执行先后顺序却有了一些改变。while 循环在执行之前会先看看条件是否成立，成立才执行循环体中的内容；而 do…while 循环无论如何都会先执行一次循环体中的内容，然后才会去询问条件表达式是否成立。

```
<?php
    // 我们先来看一个简单的例子

    // 定义初始变量
    $i = 1;

    //开始循环程序
    do{
    echo "第".$i."次循环! <br/>";
    $i++;
}while($i<=3);
?>
```

以上实例执行结果如图 7-8 所示。

第1次循环!
第2次循环!
第3次循环!

图 7-8

如果我们将实例调整为：

```
<?php
```

```
    // 我们先来看一个简单的例子

    // 定义初始变量
    $i = 1;

    //开始循环程序
    do{
    echo "第".$i."次循环! <br/>";
    $i++;
}while($i==3);
?>
```

我们会发现，while 后方的条件其实并不成立，但是执行后发现仍然有一条结果，如图 7-9 所示。

第1次循环!

图 7-9

这说明，无论条件是否成立，总是会先执行一次 do 后方的代码，然后才去判断条件表达式是否成立，不成立则直接跳出，成立则继续执行 do 后方循环体中的内容。

对 do…while 循环有了初步的了解，我们就可以继续往后看了。

```
<?php
    //使用do…while循环实现3行1的输出

    //定义出事变量
    $hang = 1;

    //开始循环
    do{
        echo "1<br/>";
        $hang++;
}while($hang<=3);
?>
```

执行结果如图 7-10 所示。

1
1
1

图 7-10

通过和 while 循环对比来将实例写一遍，其实除了循环格式的不同，二者其他特点都很类似。继续往下看：

```
<?php
    // 使用do…while循环实现3行3列1的输出

    // 定义行
    $hang = 1;
```

```
    //开始循环行
    do{
        //定义列
        $lie = 1;

        //开始循环列
        do{
            echo "1 ";
            $lie++;
}while($lie<=3);

$hang++;
}while($hang<=3);
?>
```

执行结果如图 7-11 所示。

```
111
111
111
```

图 7-11

还是一样的配方，还是熟悉的味道，我们继续往下看：

```
<?php
    //使用do…while循环实现3行3列表格的输出，并且实现隔行换色
    echo "<table border='1' width='300'>";

        //定义行
        $hang = 1;

        //开始循环行
        do{

            //判断是第几行
            if( $hang%2==0 ){
                echo "<tr style='background:pink;'>";
            }else{
                 echo "<tr>";
            }
                 //定义列
                 $lie = 1;
                 do{
                   echo "<td>1</td>";
                   $lie++;
                 }while($lie<=8);
            echo "</tr>";

            $hang++;
        }while($hang<=10);

    echo "</table>";
?>
```

执行结果如图 7-12 所示。

1	1	1	1	1	1	1	1
1	1	1	1	1	1	1	1
1	1	1	1	1	1	1	1
1	1	1	1	1	1	1	1
1	1	1	1	1	1	1	1
1	1	1	1	1	1	1	1
1	1	1	1	1	1	1	1
1	1	1	1	1	1	1	1
1	1	1	1	1	1	1	1
1	1	1	1	1	1	1	1

图 7-12

再升级，使用 do…while 结构实现图形的输出：

```
<?php
   // 请使用 do...while 循环，实现下面图形的输出
   /*
      *
      *  *
      *  *  *
*/
//定义行
$hang = 1;

//开始循环行
do{
   //定义列
   $lie = 1;

   //开始循环列
   do{
      echo "* ";
      $lie++;
}while($lie<=$hang);

echo "<br/>";
$hang++
}while($hang<=3);
?>
```

执行结果如图 7-13 所示。

```
*
* *
* * *
```

图 7-13

看到这里可能有读者会问了：大飞哥呀，这两种循环中除了 do…while 循环会优先执行一次吗？没多大区别呀？我选用 while 循环不就可以啦？在这里大飞哥要告诉大家，既然它存在，就必定有它存在的道理，现在我们还尚在基础阶段，没有实践经验，固然不会有较深刻的体会。不过在后续的课程当中，我们会陆续使用这些特性。带着疑问往后学，你一定能把疑问解决的。

大飞哥可以先抛出一个小案例，大家可以结合实际开发场景来理解这个问题：

```
<?php
    /*
    场景：
     大飞哥想要把自己的头像上传到相册，这个相册在服务器上就是一个文件夹，这个文件夹中存储了所有用户的头像图片，程序无法保证每一个用户上传的头像名称都是唯一的，因此，每个用户上传自己的头像，都需要在该目录中判断一下是否已经存在了同名的文件。

    结果：
     不存在：生成一个随机的文件名，并存储到相册。
     存在：重新生成随机文件名，并再次进行判断是否已存在，不存在则存储
*/

// 开始执行程序
do{
    //首先生成一个随机的图片名称
    $picture = date('YmdHis').rand(1000,9999).'.jpg';       // 201911193748.jpg

    //查看随机生成的名称
    echo $picture;

//生成名称以后，在当前目录下的 photo 目录中去查看是否已存在
}while(file_exists('./photo/'.$picture));
?>
```

以上程序的执行结果如图 7-14 所示。

201909040352153354.jpg

图 7-14

下面我们就来看一下 PHP 中的最后一种循环结构，那就是 for 循环。这种循环和之前的 while、do…while 就不太一样啦，让我们一起来看一下。

7.3.3 for 循环

for 循环通常用于计次循环，也就是可以按照开发者的意愿对程序进行指定次数的循环。我们先来看一个实例：

```
<?php
   // 仍然是看一个非常简单的案例
   for($i=1; $i<=3; $i++){
   echo "第".$i."次循环";
}
?>
```

上面实例的执行结果如图 7-15 所示。

第1次循环!
第2次循环!
第3次循环!

图 7-15

很多同学有疑问了：大飞哥，这种循环是怎么执行的？我怎么看不懂呢？请看下面的代码，看完之后，你自然就能懂得它的执行顺序：

```
<?php
    //赋初值
    $i = 1;

    //for循环的第2种结构
    for( ; $i<=3 ; ){
    echo "这是第".$i."次循环";
    $i++;
}
?>
```

上述实例的执行结果如图 7-16 所示。

第1次循环!
第2次循环!
第3次循环!

图 7-16

大家会发现，执行结果是一模一样的。其实这两种结构的执行顺序是一样的，都是先进行赋初值操作，然后判断条件表达式是否成立，成立则递增，继续执行循环体，不成立则跳出循环。第 2 种语法结构只是大飞哥为了让大家记住 for 循环的执行顺序。聪明的你学到了吗？

接着看后面的案例：

```
<?php
    // 使用for循环输出3行结果
    for( $i=1; $i<=3; $i++ ){
          echo "1<br/>";
}
?>
```

执行结果如图 7-17 所示。

1
1
1

图 7-17

这些案例又来了！大家一鼓作气练习一遍，这一部分的学习就告一段落了！

```
<?php
    //使用 for 循环输出3行3列结果
    for( $hang=1; $hang<=3; $hang++){
```

```
    for( $lie=1; $lie<=3; $lie++){
    echo "1";
}
echo "<br/>";
}
?>
```

执行结果如图 7-18 所示。

```
111
111
111
```

图 7-18

```
<?php
    //使用for循环输出十行十列的表格，并实现隔行换色的效果。
    echo "<table>";

        //循环行
        for( $hang=1; $hang<=10; $hang++ ){

            //判断是否为偶数行
            if( $hang%2==0 ){
                echo "<tr style='background:#fc0;'>";
            }else{
                echo "<tr>";
            }
                //循环列
                if( $lie=1; $lie<=10; $lie++){
                    echo "<td>1</td>";
                }
            echo "</tr>";
        }
    echo "</table>";
?>
```

执行结果如图 7-19 所示。

1	1	1	1	1	1	1	1	1	1
1	1	1	1	1	1	1	1	1	1
1	1	1	1	1	1	1	1	1	1
1	1	1	1	1	1	1	1	1	1
1	1	1	1	1	1	1	1	1	1
1	1	1	1	1	1	1	1	1	1
1	1	1	1	1	1	1	1	1	1
1	1	1	1	1	1	1	1	1	1
1	1	1	1	1	1	1	1	1	1
1	1	1	1	1	1	1	1	1	1

图 7-19

接下来，我们再使用 for 循环来实现 * 的循环。

```
<?php
    //请使用for循环，实现下面图形的输出
    /*
        *
        *  *
        *  *  *
*/

//开始循环图形
for( $hang=1; $hang<=3; $hang++){

    //开始循环列
    for( $lie=1; $lie<=$hang; $lie++){
    echo "* ";
}
echo "<br/>";
}
?>
```

执行结果如图 7-20 所示。

```
*
* *
* * *
```

图 7-20

7.3.4 特殊的流程控制语句

在循环语句执行过程当中，我们可能在某些特定场景下对循环语句进行一些处理。例如，当循环执行到第 3 次时，我们想让循环直接终止或跳过当前层循环，这就需要用到一些特殊的流程控制语句。

1. continue

continue 直译过来就是“继续”的意思，用在循环当中，就是直接跳过当前层循环，进入下一层循环，请参考如下实例：

```
<?php
    //定义循环程序
    for( $i=1; $i<=10; $i++){

    //当循环执行到第3次的时候，使用continue跳过这一层的循环
    if($i==3){
    continue;
}
echo "第".$i."次循环! <br/>";
}
?>
```

程序执行结果如图 7-21 所示。

第1次循环!
第2次循环!
第4次循环!
第5次循环!
第6次循环!
第7次循环!
第8次循环!
第9次循环!
第10次循环!

图 7-21

2. break

break 具有“打破”“坏掉”的含义，我们可以理解为程序执行到某个位置就坏掉了，因此后面的程序就不再执行了，请看如下案例：

```
<?php
    //定义循环程序
    for( $i=1; $i<=10; $i++ ){

        //当循环执行到第3次的时候，终止循环执行
        if( $i==3 ){
            break;
    }
    echo "第".$i."次循环! <br/>";
}
?>
```

程序执行结果如图 7-22 所示。

第1次循环!
第2次循环!

图 7-22

3. die 和 exit

die 和 exit 具有相同的含义，都代表了终止当前脚本。注意，它们和 break 并不一样，break 只是终止当前的循环，而 die 和 exit 终止的是整个脚本，这意味着它们后面的任何代码都不再执行：

```
<?php
    //定义循环程序
    for( $i=1; $i<=10; $i++ ){

    //当循环执行到第3次的时候，终止当前脚本执行!
    if( $i==3 ){
    die;
}
    echo "第".$i."次循环! <br/>";
}
```

```
//这里是循环外面的代码，看一下是否会执行
echo "测试一下，程序还有没有执行！";
?>
```

执行结果如图 7-23 所示。

第1次循环！
第2次循环！

图 7-23

7.4 小结

在这一章中，我们学习的都是循环，那么你是否已经掌握了这些内容呢？大飞哥给大家准备了几个拓展小作业，如果你能够很轻松地做出来，说明你已经掌握了这一部分内容的精髓，奖励一下自己吧！

第 8 章 函数

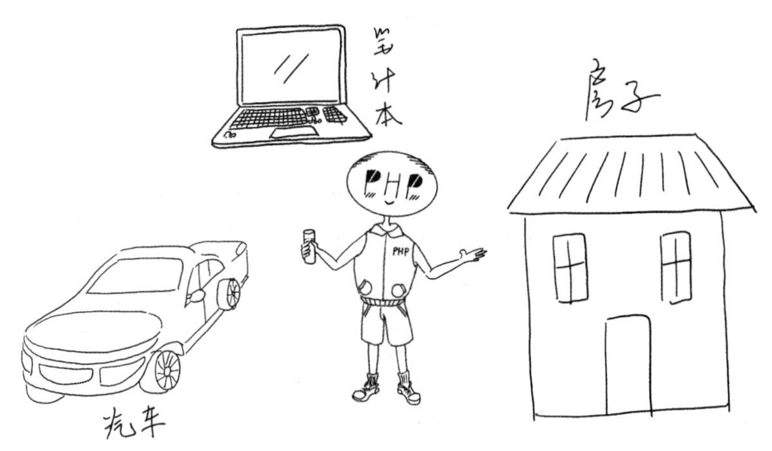

大飞哥在上学期间，最不擅长的科目就是数学，尤其是那些与函数相关的内容，什么 sin、cos、tan……可是这也没有阻止大飞哥走上编程这条路啊。即使到了现在，我依然不知道 log 是什么意思，但是这并不会阻碍我们编程！所以大飞哥每次听到有人说“我数学不好，所以学不了编程”之类的话时，我都会告诉他，编程固然会用到函数、算法，但是没有大家想象的那么复杂。

8.1 PHP 中的函数

PHP 中的函数和数学中的函数概念并不相同！

为了便于理解，在这里大飞哥一定要说一下“生活中的函数”。生活中的函数就是一个“能完成指定任务的，并且已命名的工具”。例如汽车、电脑、钳子、改锥……它们虽然属于不同的工具，但它们都有自己的名字，而且都能完成指定的任务，这就是“生活中的函数”。

在 PHP 中，总会有这样一种情况：某一段代码，我们使用它的频率颇高，至少在一个页面中使用两三次，并且代码量庞大，涉及的参数也比较多。这个时候，我们如果重复编写这段代码，那将会占用极大的代码空间，从而消耗内存资源。为了解决这个问题，我们就可以将它封装成一个函数。

PHP 中的函数，就是一段已命名的，并且能够完成指定任务的代码块！它的优势就是，易维护、可复用，而不用担心代码变得臃肿。

8.2 函数的分类

在 PHP 中，函数分为两类，分别是：系统函数和自定义函数。可以这样来理解，系统函数就是已经造好的函数，类似于生活中那些已经被创造出来的工具；而自定义函数就是那些还未被创造出来的工具，需要你自己去创造。

8.2.1 系统函数

表 8-1 列举了一些之前使用过的函数，看看你是不是还记得它们？

表 8-1

函数名	功能
Isset()	判断一个变量是否被设置
empty()	判断一个变量是否为空
settype()	强制类型转换
gettype()	获取一个变量的类型
Is_bool()	判断一个变量是否为布尔型
Is_int()	判断一个变量是否为整型

在日常生活中，当遇到不会使用的工具的时候，我们要做的第一件事儿就是看看说明书，以便快速掌握这个工具的使用技巧，然后上手去使用。

PHP 中的函数学习技巧其实是一样的，我们通过 PHP 手册，可以搜索到所有 PHP 函数的简介及使用技巧，下面我们以 settype() 为例，学习使用系统函数。

① 首先需要下载 PHP 手册如图 8-1 所示。

图 8-1

② 在手册中搜索你想要学习的函数（一般列表的第一个就是你要找的函数），如图 8-2 所示。

③ 双击函数，就会在右侧打开该函数使用方法的详细说明，如图 8-3 所示。

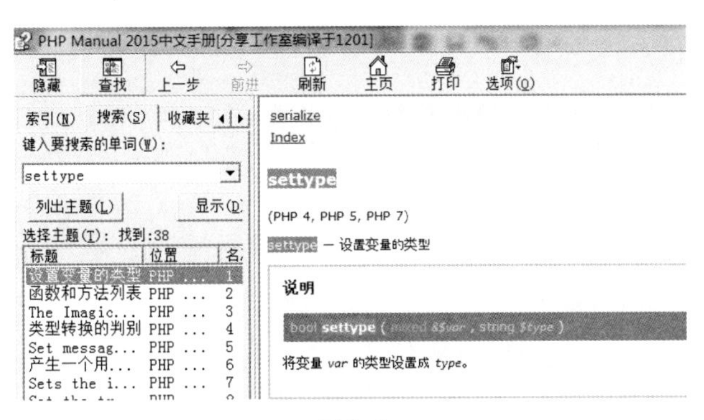

图 8-2

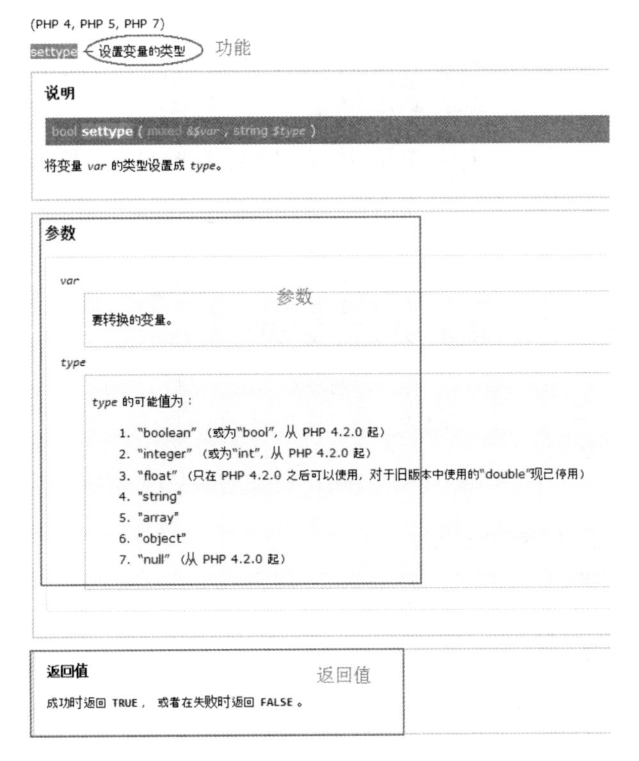

图 8-3

④ 从上图标示的 3 个点入手，基本就可以掌握一个函数的用法了。

8.2.2 自定义函数

自定义函数，是需要靠我们自己去写的函数。在书写 PHP 代码的过程中，有一段代码重复出现了两次或两次以上的时候，我们就可以将这段代码封装成一个函数，以便下次再使用时，省去不必要的麻烦。这里我们举一个例子，就用我们上一章所写的表格遍历的内容。

之前代码的格式如下：

```
<?php
    //使用for循环输出10行10列的表格
```

```
    echo "<table>";
       //循环行
       for( $hang=1; $hang<=10; $hang++ ){
            echo "<tr>";
                 //循环列
                 if( $lie=1; $lie<=10; $lie++){
                     echo "<td>1</td>";
                 }
           echo "</tr>";
       }
    echo "</table>";
?>
```

可以直接输出，如图 8-4 所示。

1	1	1	1	1	1	1	1	1	1
1	1	1	1	1	1	1	1	1	1
1	1	1	1	1	1	1	1	1	1
1	1	1	1	1	1	1	1	1	1
1	1	1	1	1	1	1	1	1	1
1	1	1	1	1	1	1	1	1	1
1	1	1	1	1	1	1	1	1	1
1	1	1	1	1	1	1	1	1	1
1	1	1	1	1	1	1	1	1	1
1	1	1	1	1	1	1	1	1	1

图 8-4

如果我们将代码调整为：

```
<?php
   //请定义一个输出10行10列表格的函数
   function myTable(){
         //使用for循环输出10行10列的表格
         echo"<table>";
             //循环行
             for( $hang=1; $hang<=10; $hang++ ){
             echo"<tr>";
                 //循环列
                 if( $lie=1; $lie<=10; $lie++){
                      echo"<td>1</td>";
                 }
             echo"</tr>";
         }
      echo"</table>";
}
?>
```

注意：函数的命名应遵循标识符命名规则：由字母和数字构成，首字母不能为数字，不区分大小写，不能使用关键字，且不能重复定义。

大家发现，我们只是在其外部使用 function 关键字，加上名字 myTable，并且使用大括号将整个代码包起来。这样，我们就把这个输出表格的功能定义成了一个函数：myTable 是函数的名字，输出 3 行 3 列表格是函数的功能。

如果现在去执行这个实例，你会发现页面中没有输出任何内容，这是为什么？

原来，PHP 函数必须得执行调用，才能看到该函数执行后的结果，因此我们将代码调整为：

```
<?php
    //请定义一个输出10行10列表格的函数
    function myTable(){
        //使用for循环输出10行10列的表格
        echo"<table>";
            //循环行
            for( $hang=1; $hang<=10; $hang++ ){
                echo"<tr>";
                    //循环列
                    if( $lie=1; $lie<=10; $lie++){
                        exho"<td>1</td>";
                    }
                echo"</tr>";
            }
        echo"</table>";
    }

    //在这里，我们使用了myTable函数，函数必须在使用后才能在页面中看到效果
    myTable();
?>
```

就像我们之前使用 isset()、empty() 这些函数时一样，这里也需要将 myTable() 拿过来使用，才能得到如图 8-5 所示的结果。

1	1	1
1	1	1
1	1	1

图 8-5

如果多次使用呢？

```
<?php
    //请定义一个输出10行10列表格的函数
    function myTable(){
        //使用for循环输出10行10列的表格
        echo"<table>";
            //循环行
            for( $hang=1; $hang<=10; $hang++ ){
                echo"<tr>";
                    //循环列
                    if( $lie=1; $lie<=10; $lie++){
                        echo"<td>1</td>";
                        }
                    echo"</tr>";
            }
    echo"</table>";
}
```

```
//在这里，我们使用了myTable函数，函数必须使用后才能在页面中看到效果
myTable();
myTable();
myTable();

?>
```

这样，代码的执行结果就变成了如图 8-6 所示的样子：

1	1	1
1	1	1
1	1	1

1	1	1
1	1	1
1	1	1

1	1	1
1	1	1
1	1	1

图 8-6

此时出现 3 个同样的表格，相当于我把同一段代码执行了 3 次。那么，如果我们把函数中的程序代码进行些许调整之后呢？例如：

```
<?php
    //请定义一个输出10行10列表格的函数
    function myTable(){
        //使用for循环输出10行10列的表格
        echo"<table>";
            //循环行
            for( $hang=1; $hang<=10; $hang++ ){
                echo"<tr>";
                    //循环列
                    if( $lie=1; $lie<=10; $lie++){
                        echo"<td>1</td>";
                    }
                echo"</tr>";
            }
        echo"</table>";
}

//在这里，我们又将代码改回来，输出结果就只有一个表格了
myTable();
?>
```

其输出结果如图 8-7 所示。

1	1	1	1	1
1	1	1	1	1
1	1	1	1	1
1	1	1	1	1
1	1	1	1	1

图 8-7

注意：函数的使用位置可以在函数定义前，原因是函数定义好之后，会被存入缓存。PHP 是从缓存里调用函数，而非当前脚本。

如果后续还会多次对程序进行调整，直接调整函数内的程序即可，其他位置调用的程序效果会同步修改！

通过这个实例，是不是对函数有了更深层次的理解？我们会发现，只要定义一次函数，在其他位置使用时，我们直接将函数名拿过来使用即可，省去了很多重复代码！当你熟练掌握函数后，你就会爱上它。

那么此时问题又来了，难道我每次使用函数输出表格时，就只能输出固定的 3 行 3 列表格或 5 行 5 列表格吗？这岂不是太尴尬了？没关系，下面大飞哥带大家学习函数的参数知识，让你的函数变得更加灵活！

8.3 函数的参数

函数的参数，用于我们在使用函数时对内部细节进行调试。函数的参数分为两类，分别为形参和实参。

8.3.1 形参

1. 含义：形式上的参数。
2. 形参是在函数声明处，函数名后小括号中的参数名。

```
function myTable($rows, $cols){
```

8.3.2 实参

1. 含义：实际存在的参数。
2. 实参可以是变量，也可以是实际值。
3. 实参和形参需要一一对应。
4. 实参和形参的类型需要一致。

```
myTable($rows, $cols);
```

8.3.3 函数参数实例

下面我们通过实例来加深对函数参数的理解。

```
<?php
    //函数参数

    //定义了一个输出表格的函数
```

```
    function( $rows, $cols ){                    //这里是形参
        //使用for循环输出10行10列的表格
        echo"<table>";
            //循环行
            for( $hang=1; $hang<=10; $hang++ ){
                echo"<tr>";
                    //循环列
                    if( $lie=1; $lie<=10; $lie++){
                        echo"<td>1</td>";
                    }
                echo"</tr>";
            }
        echo"</table>";
}

//这里需要定义实参值
$rows = 5;
$cols = 5;
myTable( $rows, $cols );                //这里就是使用函数时，传递到内部的实参值
?>
```

运行结果如图 8-8 所示。

1	1	1	1	1
1	1	1	1	1
1	1	1	1	1
1	1	1	1	1
1	1	1	1	1

图 8-8

通过实例我们会发现，在函数定义处以及函数调用处多出了两个参数。定义处的两个参数即为形参，调用处的两个参数即为实参，修改实参值之后代码如下：

```
<?php
    //函数的参数

    //定义了一个输出表格的函数
    function( $rows, $cols ){                    //这里是形参
        //使用for循环输出10行10列的表格
        echo"<table>";
            //循环行
            for( $hang=1; $hang<=10; $hang++ ){
                echo"<tr>";
                    //循环列
                    if( $lie=1; $lie<=10; $lie++){
                        exho"<td>1</td>";
                    }
                echo"</tr>";
            }
        echo"</table>";
}
```

```
//这里我们将行数修改为10行
$rows = 10;
$cols = 5;
myTable( $rows, $cols );                //这里就是使用函数时，传递到内部的实参值
?>
```

运行结果如图 8-9 所示。

1	1	1	1	1
1	1	1	1	1
1	1	1	1	1
1	1	1	1	1
1	1	1	1	1
1	1	1	1	1
1	1	1	1	1
1	1	1	1	1
1	1	1	1	1
1	1	1	1	1

图 8-9

这次我们将值修改为 10 行 5 列，则表格输出的内容也发生了相应的改变。虽然效果能够实现，但是参数是如何传递和工作的呢？如图 8-10 所示。

```
//函数的参数

//定义了一个输出表格的函数
function myTable($rows,$cols){      //形参
    echo "<table border='1' width='300'>";
        //这里循环行
        for($hang=1;$hang<=$rows;$hang++){
            echo "<tr>";
                //这里循环列
                for($lie=1;$lie<=$cols;$lie++){
                    echo "<td>1</td>";
                }

            echo "</tr>";
        }

    echo "</table>";
}

//使用输出表格函数
$rows = 5;
$cols = 5;
myTable($rows,$cols);    //实参
```

图 8-10

我们在调用函数时，传入实参，实参会传递到函数声明处的两个形参中。而这两个形参的值，会被带入函数体使用。循环表格时，采用了从外部传入的值，因此输出了指定行数和列数的表格，这就是形参的传递过程。

注意：形参与实参数量需要一一对应，同时需要保证数据类型的一致性。

有了参数的函数，就好像一辆有了经济模式、纯电模式和运动模式切换按钮的电动汽车，想要切换模式，你只需要单击不同的按钮即可实现！

上面这个实例虽然实现了灵活控制的效果，但是毕竟只有两个参数传递进来。如果参数更多，在使用函数传递参数时就显得有点尴尬。例如，大飞哥在此对上面的实例进行一些修改，请看修改后的代码：

```
<?php
  //定义了一个输出表格的函数
  function myTable( $rows, $cols, $border, $width, $contents ){          //形参
     echo"<table border='{$border}'  width='{$width}'>";
     //循环行
     for( $hang=1; $hang<=$rows; $hang++ ){
        echo"<tr>";
           //循环列
           for( $lie=1; $lie<=$cols; $lie++ ){
              echo"<td>{$contents}</td>";
           }
        echo"</tr>";
     }
  echo"</table>";
}

//使用输出表格函数
$rows = 10;              //表格行数
$cols = 5;               //表格列数
$border = 1;             //表格边框宽度
$width = 600;            //表格宽度
$contents = '我真帅';     //表格内容

//调用函数，并将实参的值传递到函数内部
myTable( $rows, $cols, $border, $width, $contents );
?>
```

在这个案例中，大飞哥把表格的边框、宽度、内容统统通过实参传递进来，并用形参接收，带入了程序中，实现效果如图 8-11 所示。

我真帅	我真帅	我真帅	我真帅	我真帅
我真帅	我真帅	我真帅	我真帅	我真帅
我真帅	我真帅	我真帅	我真帅	我真帅
我真帅	我真帅	我真帅	我真帅	我真帅
我真帅	我真帅	我真帅	我真帅	我真帅
我真帅	我真帅	我真帅	我真帅	我真帅
我真帅	我真帅	我真帅	我真帅	我真帅
我真帅	我真帅	我真帅	我真帅	我真帅
我真帅	我真帅	我真帅	我真帅	我真帅
我真帅	我真帅	我真帅	我真帅	我真帅

图 8-11

效果固然是出来了，可是一想到每次我们使用这个函数就得传递这么多参数，头都大了！因此我们需要给一些值加入默认值，这样我们就不用每次使用函数时，将所有参数都传递进来了！

8.3.4　形参的默认值

函数形参的默认值，是为了解决调用函数时传递过多参数的问题。将可以设置默认值的形参放在形参列表的后方，是一个不错的选择！就像下面的实例这样：

```
<?php
    //定义了一个输出表格的函数
    function myTable( $rows, $cols, $border='1', $width=300, $contents='1' ){    //形参
        echo"<table border='{$border}'  width='{$width}'>";
            //循环行
            for( $hang=1; $hang<=$rows; $hang++ ){
                echo"<tr>";
                    //循环列
                    for( $lie=1; $lie<=$cols; $lie++ ){
                        echo"<td>{$contents}</td>";
                    }
                echo"</tr>";
            }
        echo"</table>";
    }

    //使用输出表格函数
    $rows = 10;
    $cols = 5;
    myTable($rows, $cols);   //没有默认值的参数，必须传递值过去
?>
```

这样一来，我们发现，在函数调用处，实参并没有传递形参列表列出的 border、width 和 contents 参数，但是运行仍然不会报错，如图 8-12 所示。

1	1	1	1	1
1	1	1	1	1
1	1	1	1	1
1	1	1	1	1
1	1	1	1	1
1	1	1	1	1
1	1	1	1	1
1	1	1	1	1
1	1	1	1	1
1	1	1	1	1

图 8-12

这就是形参默认值的最大优势！注意：具有默认值的形参一定要放到形参列表后方，否则就失去了添加默认值的意义。

通过观察上述输出表格的实例，我们会发现一个显著的特点，那就是每次将 myTable 函数执行完毕之后，表格就会直接输出。需要强调的是，在 PHP 中，在浏览器输出的内容，其实已经在内存中被释放了，值不会被存储，无法在后续代码中进行其他运算。如果后续再想使用，就显得非常尴尬。

例如，此时定义一个求得两值之和的函数，和一个求得两值之积的函数：

```
<?php
    //定义一个求两值之和的函数
    function sum( $number1, $number2 ){
        //用于存放结果
    $sum = 0;
```

```
        //开始计算
        $sum = $number1 + $number2;

        //输出结果
        return $sum."<br/>";
    }

    //使用sum函数
    sum( 10,20 );

    //定义一个求两值之积的函数
        function ji( $number1, $number2 ){
            //用于存放结果
        $ji = 0;

        //开始计算
        $ji = $number1 * $number2;

        //输出结果
        return $ji."<br/>";
    }

    //使用ji函数
    ji( 10,20 );

    ?>
```

此时，大飞哥要提问了，如何将两个函数执行结果相加呢？不要再想了，这样的两个函数是无法实现相加的，因为函数内部都输出了执行结果，这样一来就无法保存两个值，当然也就不能再将两个值相加了。因此我们需要引入函数返回值的概念。

8.4 函数返回值

一个函数执行完毕了，可以使用 return 关键字将函数结果返回，返回的值会保存在函数的调用处，例如：

```
    <?php
        //定义一个求两值之和的函数
        function sum( $number1, $number2 ){
            //用于存放结果
        $sum = 0;

        //开始计算
        $sum = $number1 + $number2;

        //输出结果
        return $sum."<br/>";
    }
```

```
//使用sum函数
$sum = sum( 10,20 );

//定义一个求两值之积的函数
   function ji( $number1, $number2 ){
      //用于存放结果
   $ji = 0;

      //开始计算
      $ji = $number1 * $number2;

      //输出结果
      return $ji."<br/>";
}

//使用ji函数
$ji = ji( 10,20 );

?>
```

通过以上实例我们会发现，这里使用两个变量接收了 sum 函数和 ji 函数的执行结果，那么此时 $sum 存储的就是 sum 函数执行完毕的结果，而 $ji 存储的就是 ji 函数的执行结果，现在，我们就可以将两值相加了，如下所示：

```
<?php
   //将积与和进行相加操作
   $jieguo = $ji + $sum;

   echo $jieguo;
?>
```

此时，$jieguo 变量存储的就是两值相加的结果了。注意，return 关键字后方的任何代码均不再执行，如若添加，均视为无效代码！

学到这里，想必大家对函数都有了一个初步的了解，知道了函数就是一个“可调试的工具”。我们使用这个工具，会得到自己想要的结果。每位同学家里肯定都有一个工具箱，里面包含了钳子、锤子、扳手等工具。假如某天你家里的某个电器坏了，你肯定需要将工具箱拿过来，选出合适的工具，对自己的电器进行调试。

这里我们要强调一个概念，那就是工具箱。PHP 中的函数是不是也可以有一个工具箱，包含了许多常用函数呢？答案当然是肯定的！那么接下来，我们就来学习如何使用函数库工具箱。

8.5 函数库的引入方式

首先，我们需要定义一个 functions 函数工具库，例如：

```
<?php
   //假设这就是一个工具箱
   function chuizi()
   {
```

```
        echo"这是一个锤子";
    }
    function banshou()
    {
        echo"这是一个扳手";
    }

    function qianzi()
    {
        echo"这是一个钳子";
    }

    function luosidao()
    {
        echo"这是一个螺丝刀";
    }

?>
```

然后，将这个工具箱引入另一个 PHP 文件中以便使用。

```
<?php
    //工具箱在当前文件不存在，因此，我们需要引入工具箱文件
    include( './functions.php' );

    //使用锤子
    chuizi();                //输出结果：这是一个锤子
    //使用钳子
    qianzi();                //输出结果：这是一个钳子
?>
```

这是大飞哥在另一个文件测试的效果，使用 include 将 functions 函数工具库引入当前脚本，即可直接实现工具的使用。当然，除了这种引入方式，我们还有另一种方式：

```
<?php
    //工具箱在当前文件不存在，因此，我们需要引入工具箱文件
    require( './functions.php' );

    //使用锤子
    chuizi();                //输出结果：这是一个锤子
    qianzi();                //输出结果：这是一个钳子
?>
```

使用这种方式，同样可以引入函数库文件。两者的区别是，include 引入相对不重要的文件，引入失败会报错（Warning），但不会中断当前脚本的执行；而 require 常用于引入对当前页面相对重要的文件，因此如果引入失败就不能再执行网页后续的内容，引入失败会报致命错误（Fatal Error），并终止当前脚本的执行。如下所示，大飞哥引入了错误的函数库文件：

```
<?php
    //工具箱不在当前文件中，所以我们需要将其引入
    include("./functions.phpxxx" );
```

```
    require("./functions.phpxxx" );

    //使用锤子
    chuizi();                    //输出结果：这是一个锤子
    qianzi();                    //输出结果：这是一个钳子
?>
```

此时程序会报错，最下方的错误，就是致命错误！而上方的两个错误均是 Warning 错误，为 include 引入而引起的错误，如图 8-13 所示。

(!) Warning: include(./functions.phpxxx): failed to open stream: No such file or directory in D:\wamp\www\lamp187\lesson14_PHP06_Function\7.Function_YinRu.php on line *4*

Call Stack

#	Time	Memory	Function	Location
1	0.0010	353616	{main}( )	...\7.Function_YinRu.php:0

(!) Warning: include(): Failed opening './functions.phpxxx' for inclusion (include_path='.;C:\php\pear') in D:\wamp\www\lamp187\lesson14_PHP06_Function\7.Function_YinRu.php on line *4*

Call Stack

#	Time	Memory	Function	Location
1	0.0010	353616	{main}( )	...\7.Function_YinRu.php:0

(!) Warning: require(./functions.phpxxx): failed to open stream: No such file or directory in D:\wamp\www\lamp187\lesson14_PHP06_Function\7.Function_YinRu.php on line *6*

Call Stack

#	Time	Memory	Function	Location
1	0.0010	353616	{main}( )	...\7.Function_YinRu.php:0

(!) Fatal error: require(): Failed opening required './functions.phpxxx' (include_path='.;C:\php\pear') in D:\wamp\www\lamp187\lesson14_PHP06_Function\7.Function_YinRu.php on line *6*

Call Stack

#	Time	Memory	Function	Location
1	0.0010	353616	{main}( )	...\7.Function_YinRu.php:0

图 8-13

大家会发现，上面的引入和之前的不太一样了。这次用的是双引号，使用单双引号的形式与使用括号引入的效果一致。

另外需要大家注意的是，尽量不要在同一个脚本引入同一个文件两次或以上，引入其他的普通文件还好，若是引入两次函数库，则相当于该函数库内的函数在当前脚本定义了两次或以上，因此肯定会报错，例如：

```
<?php
    //工具箱不在当前文件中，所以我们需要将其引入
    include("./functions.php" );
    require("./functions.php" );

    //使用锤子
    chuizi();                    //这是一个锤子
    qianzi();                    //这是一个钳子
?>
```

此时运行程序会报错，如图 8-14 所示。

(!) Fatal error: Cannot redeclare chuizi() (previously declared in D:\wamp\www\lamp187\lesson14_PHP06_Function\functions.php:5) in D:\wamp\www\lamp187\lesson14_PHP06_Function\functions.php on line *7*

Call Stack

#	Time	Memory	Function	Location
1	0.0010	353600	{main}( )	...\7.Function_YinRu.php:0

图 8-14

报错的原因就是重复引入了函数库文件，因此程序报的错误就是重复定义了 chuizi 这个函数。那么，有没有什么办法避免重复引入函数库呢？当然也有：

```
<?php
    //工具箱不在当前文件中，因此我们需要将其引入
    include_once("./functions.php");
    require_once("./functions.php");

    //使用锤子
    chuizi();           //这是一个锤子
    qianzi();           //这是一个钳子
?>
```

大飞哥将函数进行了些许修改，改成了只引入一次函数，这样一来，就不会再出现重复引入函数库导致的报错了。

8.6 变量的作用域

因为函数的出现，导致了变量的作用范围不同！也就是说，在不同位置定义的变量，使用起来效果也不太一样。例如，在函数外部定义一个变量，那么它在函数内部就无法使用。这就是因为变量的作用域不同。我们可以将变量划分为 3 类，分别是：局部变量、全局变量和静态变量。

8.6.1 局部变量

在函数内部定义的变量，叫作局部变量，只作用于函数内部。

```
<?php
//因为函数的出现，导致了变量的作用范围不同
//分为：局部变量、全局变量、静态变量、超全局变量

//定义一个工作函数
    function work () (

        //定义一个变量
        $programer1 ="翠花";

        //输出一段文字
        echo $programer1."正在工作……";
    }

    //在函数外部来使用函数内部的局部变量是不行的！
    echo $programer1;

    //调用工作函数
    work();
?>
```

8.6.2 全局变量（global）

在PHP脚本当中所定义的变量（除了函数内），都是全局变量。在函数内部若要使用全局变量，则需要使用global关键字。

```
<?php
    /定义一些全局变量
    $programer1 ="翠兰";
    $programer2 ="菜花";
    $programer3 ="白菜";

    //定义work1函数
    function work1(){

        //在函数内部使用全局变量，直接使用 global 关键字进行声明
        global $programer1,
        echo $programer1."正在工作! ";
    }

    //定义work2函数
    function work2() (

        //在函数内部使用全局变量，直接使用 global 关键字进行声明
        global $programer2;
        echo $programer2."正在工作";
    }

    //使用work1函数
    work1();

    //使用work2 函数
    work2();
?>
```

上述案例的执行结果如图8-15所示。

翠兰正在工作! 菜花正在工作!

图8-15

8.6.3 静态变量（static）

在函数内部使用静态变量，需要使用static关键字声明。使用static关键字声明的变量，赋值操作只执行一次，然后该变量会存储到内存的静态区中，当我们下次再使用该函数时，在函数内部会使用静态区中的静态变量，而不会重新赋值，如下所示：

```
<?php
    //静态变量
```

```
    //定义了一个阅读函数
    function yuedu(){

        //存储阅读的变量
        static $num = 0;

        //每次访问都增加1
        $num++;

        //输出结果
        echo $num;
    }

    //我们不能使用函数内部的静态变量！静态变量，也是一个局部变量
    echo $num;

    //调用阅读函数
    yuedu();
    yuedu();
    yuedu();
?>
```

上述案例的执行结果如图 8-16 所示。

(!) Notice: Undefined variable: num in D:\wamp\www\lamp187\lesson15_PHP07_Function02\3.Varible_Area_JingTai.php on line 20

Call Stack

#	Time	Memory	Function	Location
1	0.0000	354432	{main}( )	...\3.Varible_Area_JingTai.php:0

123

图 8-16

通过上述实例我们不难发现，所有的这些变量都是在本脚本中使用的，但是在未来的学习中，我们可不会只使用一个脚本的变量，我们还会使用一些跨页面级的变量信息。比如我们登录淘宝或京东网站后，网站上方都会有一个“个人信息”栏目用来显示个人头像和昵称等信息。这个模块除了在主页的头部显示，在其他页面统统都有显示，这就是跨页面了。同样的信息在每个页面都能用，说明这些信息被存储到了一个跨页面级的变量中，我们称之为超全局变量。

8.6.4 超全局变量（$GLOBALS）

顾名思义，超出当前页面级别的变量，我们简称其为超全局变量。我们可以通过 $GLOBALS 这个变量直接获取，例如：

```
//打印可以在PHP脚本中使用的所有超全局变量
var_dump($GLOBALS);
```

打印结果如图 8-17 所示。

```
D:\wamp\www\lamp187\lesson15_PHP07_Function02\4.Varible_Area_ChaoQuanJu.php:4:
array (size=8)
  '_GET' =>
    array (size=0)
      empty
  '_POST' =>
    array (size=0)
      empty
  '_COOKIE' =>
    array (size=0)
      empty
  '_SERVER' =>
    array (size=35)
      'HTTP_HOST' => string 'localhost' (length=9)
      'HTTP_CONNECTION' => string 'keep-alive' (length=10)
      'HTTP_UPGRADE_INSECURE_REQUESTS' => string '1' (length=1)
      'HTTP_USER_AGENT' => string 'Mozilla/5.0 (Windows NT 6.1; WOW64) AppleWebKit/537.36 (KHTML, like Ge
      'HTTP_ACCEPT' => string 'text/html,application/xhtml+xml,application/xml;q=0.9,image/webp,image/apr
      'HTTP_REFERER' => string 'http://localhost/lamp187/lesson15_PHP07_Function02/' (length=51)
      'HTTP_ACCEPT_ENCODING' => string 'gzip, deflate, br' (length=17)
      'HTTP_ACCEPT_LANGUAGE' => string 'zh-CN,zh;q=0.8' (length=14)
      'PATH' => string 'C:\Windows\system32;C:\Windows;C:\Windows\System32\Wbem;C:\Windows\System32\Windc
      'SystemRoot' => string 'C:\Windows' (length=10)
      'COMSPEC' => string 'C:\Windows\system32\cmd.exe' (length=27)


      'PATHEXT' => string '.COM;.EXE;.BAT;.CMD;.VBS;.VBE;.JS;.JSE;.WSF;.WSH;.MSC' (length=53)
      'WINDIR' => string 'C:\Windows' (length=10)
      'SERVER_SIGNATURE' => string '<address>Apache/2.4.18 (Win32) PHP/7.0.4 Server at localhost Port 80<
' (length=79)
      'SERVER_SOFTWARE' => string 'Apache/2.4.18 (Win32) PHP/7.0.4' (length=31)
      'SERVER_NAME' => string 'localhost' (length=9)
      'SERVER_ADDR' => string '::1' (length=3)
      'SERVER_PORT' => string '80' (length=2)
      'REMOTE_ADDR' => string '::1' (length=3)
      'DOCUMENT_ROOT' => string 'D:/wamp/www' (length=11)
      'REQUEST_SCHEME' => string 'http' (length=4)
      'CONTEXT_PREFIX' => string '' (length=0)
      'CONTEXT_DOCUMENT_ROOT' => string 'D:/wamp/www' (length=11)
      'SERVER_ADMIN' => string 'wampserver@otomatic.net' (length=23)
```

图 8-17

信息很多，大飞哥在这里就不做太详细的解释了。只要记住，超全局信息可以在任何页面直接获取，就比如上述打印中的 '_SERVER 中的相关信息，可以直接通过 $_SERVER 的方式在任意页面中获取。例如 $_SERVER['HTTP_HOST'] 就可以直接获取 localhost 的值。这里的知识点我们暂且不详细介绍，在后续章节用到的时候，问题自然就会迎刃而解。

前面说到，实参信息的个数需要和形参一一对应，否则可能出现问题，我们经过测试也证实了这一点。实参数量少于形参数量会报错，但是实参数量超出形参数量时会出现什么情况？下面就让我们一探究竟。

8.7 可变参数个数的函数

先经过实例验证，若实参数量多余形参，会不会报错，代码如下：

```
<?php
  //定义了一个房间的函数
  function room($member1, $member2){

      //打印传递进来的参数
      var_dump($member1);
```

```
        var_dump($member2);
    }

    //调用房间函数
    room( '小赵','小刘','小沈','小宋' );
?>
```

打印结果如图 8-18 所示。

```
D:\wamp\www\lamp\lesson15_PHP07_Function02\5.Change_CanShu.php:7:string '小赵' (length=6)
D:\wamp\www\lamp\lesson15_PHP07_Function02\5.Change_CanShu.php:8:string '小刘' (length=6)
```

图 8-18

由此可见，实参数量大于形参数量时并不会对程序造成什么影响，只是后面所传递的信息在函数内部目前是无法使用的，因为根本没有形参来接收这些值。所以，PHP 系统给我们准备了如下几个函数。

func_num_args()// 获取实参列表总数

func_get_args()// 获取实参列表详细信息

func_get_arg()// 获取指定参数的信息

8.7.1 func_num_args()

首先，我们看看实参处一共传递了多少个参数进来，在函数内部直接打印统计结果即可，如下所示：

```
<?php
    //定义了一个房间的函数
    function room($member1, $member2){

        //使用 func_num_args() 来数一下这个房间一共有多少人
        $total = func_num_args();

        //打印结果
        var_dump($total);
    }

    //调用房间函数
    room( '小赵','小刘','小沈','小宋' );
?>
```

运行结果如图 8-19 所示。

```
D:\wamp\www\lamp187\lesson15_PHP07_Function02\5.Change_CanShu_GeShu.php:9:int 4
```

图 8-19

统计显示，有 4 个人进入了旅馆，也就是有 4 个参数进入了函数中。如果想详细了解进来的人分别都有谁，我们可以借助下面介绍的函数。

8.7.2 func_get_args()

直接上实例，大家看一下：

```
<?php
    //定义了一个房间的函数
    function room($member1, $member2){

        //使用 func_num_args() 来数一下这个房间一共有多少人
        //$total = func_num_args();

        //使用 func_get_args() 获取所有人的详细信息
        $info = func_get_args();

        //打印结果
        var_dump($info);
    }

    //调用房间函数
    room( '小赵','小刘','小沈','小宋' );
?>
```

打印结果如图 8-20 所示。

```
D:\wamp\www\lamp187\lesson15_PHP07_Function02\5.Change_CanShu_GeShu.php:12:
array (size=4)
  0 => string '小赵' (length=9)
  1 => string '小刘' (length=6)
  2 => string '小沈' (length=9)
  3 => string '小宋' (length=9)
```

图 8-20

结果将所有实参传递进来的信息存入了一个数组集合（数组的概念目前大家可能还不了解，若想学习如何使用，可以参考第 9 章的知识点），每个人都有一个自己的号码，并且名字也都能够正常显示！

那么如果只想使用其中指定的人的信息，应该如何操作呢？别急，看下面的案例！我们在这里需要配合使用另一个函数，那就是 func_get_arg()。

8.7.3 func_get_arg()

还是直接上实例，如下所示：

```
<?php
    //定义了一个房间的函数
    function room($member1, $member2){

        //使用 func_num_args() 来数一下这个房间一共有多少人
        //$total = func_num_args();
```

```
        //使用 func_get_args() 获取所有人的详细信息
        //$info = func_get_args();

        //使用号码为2的人和号码为3的人的信息
        $m1 = func_get_arg(2);
        $m2 = func_get_arg(3);

        //打印结果
        var_dump($m1);
        var_dump($m2);
    }

    //调用房间函数
    room( '小赵','小刘','小沈','小宋' );
?>
```

打印结果如图 8-21 所示。

```
D:\wamp\www\lamp\lesson15_PHP07_Function02\5.Change_CanShu.php:7:string '小沈' (length=6)
D:\wamp\www\lamp\lesson15_PHP07_Function02\5.Change_CanShu.php:8:string '小宋' (length=6)
```

图 8-21

这样就可以取得指定参数的详细信息了。

下面我们再看一个实例应用，其实就是可变参数个数的函数的实践应用：

```
<?php
    //定义了一个房间的函数
    function room($member1, $member2){

        //使用 func_num_args() 来数一下这个房间一共有多少人
        //$total = func_num_args();

        //使用 func_get_args() 获取所有人的详细信息
        //$info = func_get_args();

        //使用号码为2的人和号码为3的人的信息
        $m1 = func_get_arg(2);
        $m2 = func_get_arg(3);

        //打印结果
        var_dump($m1);
        var_dump($m2);

        //限定参数个数
        if( func_num_args()>2 ){
        die( '抱歉，您传递的参数超出了当前函数所规定的数量，请检查后再试！' );
        }
    }

    //调用房间函数
    room( '小赵','小刘','小沈','小宋' );
?>
```

执行结果如图 8-22 所示。

抱歉，您传递的参数超出了当前函数所规定的数量，请检查后再试！

图 8-22

这样一来，我们就可以限制用户在使用函数时所传递参数的个数了。

8.8 变量函数（拓展）

变量函数，我们也可以称之为变量的一种动态特征。通过观察下例不难发现，该变量已经不再是一个单纯的存储数据的介质了，它甚至有了函数的功能。

```
<?php
    //变量函数
    //定义测试函数
    function test()
    {
       echo $num;
    }

    //使用测试函数
    test(10);                    //10

    //使用变量函数
    $a = 'test';
    $a(10);                      //输出结果：10
?>
```

上述案例，将一个函数的名字以字符串的形式传递到一个变量中，由此一来，该变量也拥有了函数的特征，这就是变量的动态特征。通过 $a，是可以使用 test 函数的，和直接通过 test 调用函数的结果一致，都为 10。

8.9 匿名函数（拓展）

匿名函数，顾名思义，就是一个没有名字的函数。我们这里将一个函数直接传递到一个变量中的方式，就是匿名函数的使用方式，如下例所示：

```
<?php
    //匿名函数
    $b = function(){
       echo '我是一个匿名函数！';
    }

    //调用该函数
    $b();     //输出结果：我是一个匿名函数
?>
```

和变量函数的使用方法一样，我们可以直接通过存储函数的变量来实现函数的调用。

8.10 回调函数（拓展）

一个函数的参数不再是一个单纯的参数，而是另一个函数，在这里我们直接通过如下实例进行练习：

```
<?php
  //举个例子
  function test($guize){
    //循环 1 到 10 的值
    for ($i=1; $i<=10; $i++) {
      //判断
      if($guize($i)){
        continue i
      }
      echo $i."<br/>";
      }
  }

  //定义规则函数
  function $guize ($num) {
    //判断 $num 的值是否等于 3
    if($num==3){
      return true;
    }else{
      return false
    }
  }
  $guize ="guize";
  test ($guize);
?>
```

以上函数的运行结果如图 8-23 所示。

```
1
2
4
5
6
7
8
9
10
```

图 8-23

观察结果，我们发现里面没有“3”这个值。这里使用了变量函数的概念，将 guize 函数以字符串形式传入 $guize 变量，此时的 $guize 具有了两层含义：一层是普通字符串 guize，另外一层则是函数 guize。那么调用 test 主函数，并将规则函数传递进去后，在 test 主函数中，我们调用了 guize 这一方法，因此最终结果将第 3 次循环跳过了。

8.11 递归函数（拓展）

函数的最后一块内容，我们来看递归函数。递归函数是一个比较晦涩难懂的知识点。下面直接给出实例，看看大家能否读懂递归函数？

```
<?php
   //使用递归函数实现回文数的输出：3 2 1 1 2 3
   function huiwen($num){
      echo $num;

      //判断$num是不是大于1
      if($num>1){
         huiwen($num - 1);
      }
      echo $num;
   }

   huiwen(3);
?>
```

在上述程序中，我们定义了一个输出回文数的函数。回文数是什么数？其实就是正反读都一模一样的一段数字，例如 321123，正反来读都是一样的，这就是回文数。

大家不妨借助递归函数的概念实现一下递归累加的效果，例如定义一个名字为 leijia 的函数，传递一个值进去，就可以求得该值的累加结果，并返回结果。

8.12 小结

本章为 PHP 基础中的重点课程。本章所介绍的案例，大家应当多加练习，并且自己尝试书写一些函数功能。大飞哥也会给大家准备练习函数的实际案例，只要加入大飞哥技术交流群中，即可得到练习实例哦！

第 9 章 数组

数组，在任何一门编程语言中，都是非常重要的知识点，也是初学者最难弄懂的地方。在这里，大飞哥会用最通俗易懂的语言，带大家领略数组的世界。

在生活中：

你第一天进教室的时候，每一个座位上都有名字。学生可以通过名字快速定位到自己的座位；

当你去电影院看电影时，通过电影票上面的座位号也可以快速找到自己的座位。

在 PHP 中：

我们使用变量来存储信息的时候，一次只能存储一个值！现在，我们有了数组这个东西，可以将一系列的值，存储到同一个变量中，就好比一个影院中有很多的椅子，同时，我们还可以通过一种方式快速定位到指定的值上。

没使用数组，情况是这样的：

```
<?php
    //大飞哥已经拥有的车
    $car1 ="儿童三轮车";
    $car2 ="飞哥自行车";
    $car3 ="爱玛电动车";
    $car4 ="时风三蹦子";
    $car5 ="二手小奥拓";
    $car6 ="丰田凯美瑞";
```

```
    $car7 ="布加迪威龙";
?>
```

使用了数组，情况变成了这样：

```
//大飞哥将自己的车存入了一个仓库
$cars = array(
            0=>"儿童三轮车",
            1=>"飞哥自行车",
            2=>"爱玛电动车",
            3=>"时风三蹦子",
            4=>"二手小奥拓",
            5=>"丰田凯美瑞",
            6=>"布加迪威龙",
      );
```

为什么要使用数组？它可以让我们将庞大的信息存储到同一个变量中，从而避免使用变量依次存值。不但可以节省很多时间，而且便于管理数据！

9.1 数组单元的定义

```
<?php
    //大飞哥将自己的车存入了一个仓库
    $cars = array (
        0=>"儿童三轮车",
        1=>"飞哥自行车",
        2=>"爱玛电动车",
        3=>"时风三蹦子",
        4=>"二手小奥拓",
        5=>"丰田凯美瑞",
        6=>"布加迪威龙",
    );
?>
```

通过观察上述数组，我们不难发现，在 array 括号中的所有的车都有自己的编号。这个编号通常从 0 开始，依次递增，它们就是数组的下标了，我们也可以称其为数组的键。

那么跟在数字后面的“=>”符号，就是一个连接符号，没有实质的含义，大家只要知道下标后方必须跟随这个符号即可。

在连接符号之后，就是下标所对应的值了，这个值可以是 8 种数据类型中的任何一种。

因此，下标、“=>”符号再加上该符号后的值，便组成了一个整体，给它起一个名字，该名字就是数组中的一个元素，如下所示：

```
0=>"儿童三轮车",
```

9.2 数组的分类（两种类型）

根据数组下标的不同，我们可以将其分为两种格式。

9.2.1 索引式数组

这就是一个索引式数组，它的下标由阿拉伯数字组成。

```
<?php
    //大飞哥将自己的车存入了一个仓库
    $cars = array (
        0=>"儿童三轮车",
        1=>"飞哥自行车",
        2=>"爱玛电动车",
        3=>"时风三蹦子",
        4=>"二手小奥拓",
        5=>"丰田凯美瑞",
        6=>"布加迪威龙",
    );
?>
```

9.2.2 关联式数组

关联式数组的下标，是由有意义的英文单词构成的。我们看到这个下标的时候，就知道它后方存放的应该是什么值，因此我们称其为“关联式数组”。

```
<?php
    //大飞哥的基本信息
    $info = array(
        "name"=>"大飞哥",
        "sex"=>"男",
        "hobby"=>"打篮球",
    );
?>
```

9.3 数组的 3 种定义

了解了数组的定义及分类后，我们来看看到底有多少种方式来定义一个数组。这里是本章节的核心内容，身在书前的小伙伴，一定要及时做笔记哦！

本小节所谓的定义，并不是指数组的含义是什么，而是说我们如何来写一个数组。刚才大家看到的大飞哥的车，那只是其中一种书写方式，在这里会介绍 3 种定义数组的方式！

9.3.1 快捷方式定义数组

```
<?php
    //快捷方式定义数组
```

```
    //1. 指定下标，定义一个索引式数组
    $fruits[0] ="苹果";
    $fruits[1] ="香蕉";
    $fruits[2] ="橘子";
    $fruits[3] ="柚子";

    var_dump($fruits);

    //2. 指定下标，定义一个关联式数组
    $student['name'] ="张三";
    $student['sex'] ="男";
    $student['age'] = 28;

    var_dump($student);

    //3. 不指定下标，定义一个索引式数组
    $a[ ] = 10;
    $a[ ] = 20;
    $a[ ] = 30;
    $a[ ] = 40;
    $a[ ] = 50;

    var_dump($a);
?>
```

输出结果如图 9-1 所示。

```
E:\wamp\www\book\array.php:38:
array (size=4)
  0 => string '苹果' (length=6)
  1 => string '香蕉' (length=6)
  2 => string '橘子' (length=6)
  3 => string '柚子' (length=6)

E:\wamp\www\book\array.php:45:
array (size=3)
  'name' => string '张三' (length=6)
  'sex' => string '男' (length=3)
  'age' => int 28

E:\wamp\www\book\array.php:54:
array (size=5)
  0 => int 10
  1 => int 20
  2 => int 30
  3 => int 40
  4 => int 50
```

图 9-1

以上结果当中，array 代表数组，而 size=5 则代表了该数组中所拥有的单元个数！如果仔细观察结果，就会发现：

```
<?php
    //3. 不指定下标，定义一个索引式数组
```

```
    $a[ ] = 10;
    $a[ ] = 20;
    $a[ ] = 30;
    $a[ ] = 40;
    $a[ ] = 50;
?>
```

上面所定义的数组打印出来是如下结果。这说明，如果我们使用快捷方式定义了一个未指定下标的数组，则该数组默认是一个索引式数组，如图 9-2 所示。

```
E:\wamp\www\book\array.php:54:
array (size=5)
  0 => int 10
  1 => int 20
  2 => int 30
  3 => int 40
  4 => int 50
```

图 9-2

9.3.2 array 语言结构定义数组

我们在这里定义一个和快捷定义的数组一样的内容，看看有没有什么差别：

```
<?php
    // array 语言格式定义数组

    //1. 指定下标，定义一个索引式数组
    $fruits = array(
        0=>"苹果",
        1=>"香蕉",
        2=>"橘子",
        3=>"柚子",
    );
    var_dump($fruits);

    //2. 指定下标，定义一个关联式数组
    $student = array (
        "name"=>"张三",
        "sex"=>"男",
        "age"=>28,
    );
    var_dump($student);

    //3. 不指定下标，定义一个索引式数组
    $a = array(10,20,30,40,50);
    var_dump($a);
?>
```

打印结果如图 9-3 所示。

```
E:\wamp\www\book\array.php:66:
array (size=4)
  0 => string '苹果' (length=6)
  1 => string '香蕉' (length=6)

  2 => string '橘子' (length=6)
  3 => string '柚子' (length=6)

E:\wamp\www\book\array.php:75:
array (size=3)
  'name' => string '张三' (length=6)
  'sex' => string '男' (length=3)
  'age' => int 28

E:\wamp\www\book\array.php:80:
array (size=5)
  0 => int 10
  1 => int 20
  2 => int 30
  3 => int 40
  4 => int 50
```

图9-3

基本和快捷定义的方式没有差别，这里需要注意仍然是不指定下标定义的方式，输出结果下标仍然从 0 开始，依次递增。

9.3.3 直接赋值方式定义数组

直接赋值方式定义，我们仍然可以参考前两种定义方式定义的内容，这样一来，就能用最短的时间，使用 3 种数组的定义方式。

```
<?php
  //使用直接赋值的方式定义数组

  //1. 指定下标，定义一个索引式数组
  $fruits = [
    0=>"苹果",
    1=>"香蕉",
    2=>"橘子",
    3=>"柚子",
  ];
  var_dump($fruits);

  //2. 指定下标，定义一个关联式数组
  $student = [
    "name"=>"张三",
    "sex"=>"男",
    "age"=>28,
  ];
  var_dump($student);

  //3. 不指定下标，定义一个索引式数组
```

```
    $a= [10,20,30,40,50];
    var_dump($a);
?>
```

打印结果如图 9-4 所示。

```
E:\wamp\www\book\array.php:93:
array (size=4)
  0 => string '苹果' (length=6)

  1 => string '香蕉' (length=6)
  2 => string '橘子' (length=6)
  3 => string '柚子' (length=6)

E:\wamp\www\book\array.php:102:
array (size=3)
  'name' => string '张三' (length=6)
  'sex' => string '男' (length=3)
  'age' => int 28

E:\wamp\www\book\array.php:107:
array (size=5)
  0 => int 10
  1 => int 20
  2 => int 30
  3 => int 40
  4 => int 50
```

图 9-4

通过结果可以发现，仍然没有太大的差别。这样一来，我们就可以确定了，3 种数组的定义方式虽然各不相同，但是实现的效果是没有差异的。

9.3.4 特殊情况

9.3.3 小节中的 3 种定义方式，都是理想的数组定义结果，但在未来，我们也有可能会遇到一些特殊情况，如下所示：

```
<?php
    //特殊情况
    //不指定下标，定义索引式数组时可能会遇到的问题
    $numbers[ ]=10;
    $numbers[ ]=20;
    $numbers[ ]=30;
    $numbers[6]=40;
    $vumbers[ ]=50;

    var_dump($numbers);
?>
```

正常情况下，上述数组的下标应该从 0 开始，依次递增，但是在第 4 个单元定义时突然出现了一个随机指定的下标 6。那么，最后一个未指定下标的单元下标应当为多少？不少同学此时会不假思索地说，肯定是 3 啊，但是答案真的是这样吗，结果如图 9-5 所示。

答案很明显，最后一个单元的下标并没有跟随 2 递增，而是跟随新写的 6 递增，这就是索引式

数组的特点，即未指定下标的新单元的下标，会自动寻找上一次出现过的最大下标，并在其基础之上自动递增 1。

```
E:\wamp\www\book\array.php:119:
array (size=5)
  0 => int 10
  1 => int 20
  2 => int 30
  6 => int 40
  7 => int 50
```

图 9-5

9.3.5 注意事项

- 每个数组单元结束，使用逗号作为分隔符。
- 索引式数组的下标会自动寻找上次所出现过的最大下标进行递增。
- 3 种定义数组的方式都是可取的。

9.4 使用数组

我们已经知道了如何建造一座“电影院”，但是我们还无法快速定位到指定的座位，并且找到对应的人，因此在本小节，大飞哥将带领大家一起来尝试，在一个庞大的数组中快速定位某一个值。

我们首先定义一个数组：

```
<?php
   //定义一个存储了好多学生的数组
   $stus = array(
      0 =>"小张",
      1 =>"小陈",
      2 =>"小周",
      3 =>"小王",
      4 =>"小梁",
   );
?>
```

现在大飞哥想要从学生列表里面叫一个人出来，比如大飞哥最喜欢的学生是小张！那我该怎么办呢？只需要通过存储这个数组的变量就可以实现，像下面这样：

```
//输出下标为0的学生的信息
echo $stus[0];
```

这样一来，我就找到了小张！我是通过小张的下标编号来查找的。怎么样，很简单吧。如果想获取其他同学的信息，只需要修改方括号中的数字即可！

这会儿可能有同学要问了，那如果是关联式数组呢？同理呀，你只需要将方括号中的数字替换成字符串就行了，如下所示：

```
echo $ stus['one'];
```

9.5 数组的维度

上一节的数组使用很简单，因为只是单纯的一个一维数组。咦？一维数组是什么？这里我们可以拿大飞哥非常喜欢的一部电影《星际穿越》的片段来解释。看过这部电影的同学应该记得，片中有一个桥段是男主角在太空中进入了五维空间，在这个维度的空间里，可以看到过去任何一段时间线上的事物，这是空间的维度。

同时，高维空间里都可以包含无限多个上一维度空间的内容。例如一维空间就是一个点，二维空间则是一条线，这条线可以由无数个点组成；三维空间则是由无限多条线组成。

我们可以拿这个原理来解释数组的维度。数组也是可以分为一维、二维、三维的……像下面这样：

```
<?php
   $groups = array(
                'one' => array(
                        0 =>"小张",
                        1 =>"小陈",
                        2 =>"小周",
                        3 =>"小王",
                        4 =>"小梁",
),
                'two' => array(
                        0 =>"小陈",
                        1 =>"小梅",
                        2 =>"小黄",
                        3 =>"小容",
                        4 =>"小古",
                ),

         );
?>
```

此时我们会发现，上面的数组有两组信息，不再是简单的“下标 => 值”结构了，现在它的值变成了另外的一个数组，数组里面又包含多个单元。

如果是这种类型的数组，我们又该如何从中找到某一个人呢？例如我现在想要叫小古出来给大家唱首歌，那我可以这样来找：

```
//输出第二组'two'中的下标为4的学生的信息
echo $groups['two'][4];
```

仍然是通过数组下标的方式来找，只不过这次，我们是配合两个维度的数组下标来寻找！大家学会了吗？

以此类推，如果数组维度再增加，你是否仍然能够准确找到某一个信息呢？不妨多多练习，总有一天，你会使用得非常熟练！

给大家出个小题，下面这个数组是三维数组，请取出该数组当中小周的年龄。

```
<?php
   $class = array(
```

```
            'one'=>array(
               0=>array(
                  "name"=>"小张",
                  "sex"=>"男",
                  "age"=>"18",
            ),
            1=>array(
                  "name"=>"小陈",
                  "sex"=>"男",
                  "age"=>"28",
            ),
            2=>array(
                  "name"=>"小周",
                  "sex"=>"男",
                  "age"=>"27",
            ),
            3=>array(
                  "name"=>"小王",
                  "sex"=>"男",
                  "age"=>"16",
            ),
            4=>array(
                  "name"=>"小梁",
                  "sex"=>"男",
                  "age"=>"18",
            ),
        ),
    );
?>
```

答案如下:

```
//获取小周的年龄
echo $class['one'][2]['age'];
```

你学会了吗?

再提一个问题:如果我们这样来取数组中的信息,会出现什么结果呢?仍然是上面的那个三维数组:

```
//获取小周的详细信息
var_dump($class['one'][2]);
```

大家要注意,这样的使用方式获取的不再是一个单独的值,而是一个数组,也就是小周详细信息的数组,因此不能使用 echo 输出,只能使用 var_dump() 来打印,结果如图 9-6 所示。

```
E:\wamp64\www\Others\test.php:71:
array (size=3)
  'name' => string '小周' (length=9)
  'sex' => string '男' (length=3)
  'age' => string '27' (length=2)
```

图 9-6

9.6 数组的遍历（迭代）

前面一小节，我们讲了多维数组以及多维数组的使用方式，但是我们没有讲为什么要定义多维数组。多维数组在实际案例当中是怎样应用的？首先看一下需要应用多维数组的地方，如图 9-7 所示。

图 9-7

这里，我用《王者荣耀》的英雄列表来做演示。像这样的列表，就得提前把数组准备好，然后才能通过数组的一种特殊操作方式展示出来，这就是数组的遍历！

数组配合数组遍历，完成了网页中大部分数据的输出！那么遍历应该怎么用呢？又是如何实现上面这种信息展示的效果呢？

如图 9-8 所示，我们拿英雄和装备两个栏目来举例，如图 9-8 所示。

首先把数组定义出来。通过网页中的数据，分析出数组结构，是学习数组的重中之重！一开始分析不出来不要紧，多加练习就能够做到！

图 9-8

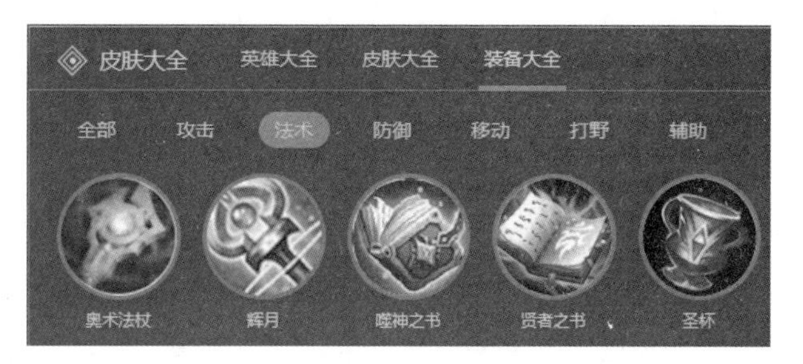

图 9-8（续）

```
<?php
   //定义王者荣耀英雄数组
   $heroes = array(
         "heroesList"=>array(
         "tanks"=>array(
            0=>'猪八戒',
            1=>'苏烈',
            2=>'刘邦',
         ),
         "warrior"=>array(
            0=>'盘古',
            1=>'李信',
            2=>'孙策',
         ),
         "assassin"=>array(
            0=>'元歌',
            1=>'百里玄策',
            2=>'花木兰',
         ),
     ),
     "equipsList"=>array(
         "attack"=>array(
            0=>'破骨之锤',
            1=>'破晓',
            2=>'穿云弓',
         ),
         "spell"=>array(
            0=>'奥秘法杖',
            1=>'辉月',
            2=>'噬神之书',
         ),
         "defense"=>array(
            0=>'隐匿之甲',
            1=>'砂之守卫',
            2=>'奔狼纹章',
         ),
     ),
   );
?>
```

我们就拿英雄列表和装备列表来举例。可以看到，上面我已经把数组定义好了，是不是和你们心里想的结构一样呢？可能稍微有些不同，但大飞哥这么设计是有道理的，为什么？那就得用到下面的知识点了：遍历。

举个通俗的例子：大飞哥去图书馆借书，想要找一本与 PHP 有关的书籍，于是就顺着技术书架一本一本地往下找。注意，这里大飞哥在书架里一本一本找书的过程，就是遍历了这一整个书架的书，明白遍历是什么意思了吧。

数组，其实就和图书馆类似。图书馆的书是分类的，它可能分为技术类、小说类、艺术类，等等；而技术类里面又包含了电脑技术、建筑技术、装修技术，等等；电脑技术里面包含了 PHP 技术、Java 技术、Python 技术，等等。最终，我们总会找到自己想要的书；在数组中也同样按照这个原理来找，我们先通过 heroes（英雄）这个数组找到 heroesList（英雄列表），再通过英雄列表找到指定的英雄。

道理是这么个道理，在程序中该如何实现？我们需要用到一个数组专用的语法，那就是 foreach 遍历，如下所示：

```
<?php
    //遍历英雄列表
    foreach($heroes as $key=>$val){

        //打印$key
        var_dump($key);

        //打印$val
        var_dump($val);
    }
?>
```

在这张图中，我们遍历了 $heroes 这个刚刚定义好的数组变量，并且将遍历的结果分别存储到 $key 和 $val 两个变量中。其实看名字也应该知道这两个变量存储的到底是什么信息。$key 存储的是数组的下标，而 $val 存储的则是该下标对应的值。打印结果如图 9-9 所示。

```
D:\wamp64\www\test\test.php:116:string 'heroesList' (length=10)

D:\wamp64\www\test\test.php:116:string 'equipsList' (length=10)
```

图 9-9

$key 所对应的是两个下标，而 $val 是对应的值，如图 9-10 所示。

```
D:\wamp64\www\test\test.php:119:
array (size=3)
  'tanks' =>
    array (size=3)
      0 => string '猪八戒' (length=9)
      1 => string '苏烈' (length=6)
      2 => string '刘邦' (length=6)
  'warrior' =>
    array (size=3)
      0 => string '盘古' (length=6)
      1 => string '李信' (length=6)
      2 => string '孙策' (length=6)
  'assassin' =>
    array (size=3)
      0 => string '元歌' (length=6)
      1 => string '百里玄策' (length=12)
      2 => string '花木兰' (length=9)
```

图 9-10

```
D:\wamp64\www\test\test.php:119:
array (size=3)
  'attack' =>
    array (size=3)
      0 => string '破骨之锤' (length=12)
      1 => string '破晓' (length=6)
      2 => string '穿云弓' (length=9)
  'spell' =>
    array (size=3)
      0 => string '奥秘法杖' (length=12)
      1 => string '辉月' (length=6)
      2 => string '噬神之书' (length=12)
  'defense' =>
    array (size=3)
      0 => string '隐匿之甲' (length=12)
      1 => string '砂之守卫' (length=12)
      2 => string '奔狼纹章' (length=12)
```

图 9-10（续）

如上所示，打印出了两个数组，大家可能感到意外，这个数组现在仍然是一个数组，只不过遍历之前，我们的数组是三维数组，遍历完成之后，变成了二维数组，这个过程是怎样的呢？

大家可以看一下遍历之前的数组格式，如图 9-11 所示。

```
D:\wamp64\www\test\test.php:112:
array (size=2)
  'heroesList' =>
    array (size=3)
      'tanks' =>
        array (size=3)
          0 => string '猪八戒' (length=9)
          1 => string '苏烈' (length=6)
          2 => string '刘邦' (length=6)
      'warrior' =>
        array (size=3)
          0 => string '盘古' (length=6)
          1 => string '李信' (length=6)
          2 => string '孙策' (length=6)
      'assassin' =>
        array (size=3)
          0 => string '元歌' (length=6)
          1 => string '百里玄策' (length=12)
          2 => string '花木兰' (length=9)
  'equipsList' =>
    array (size=3)
      'attack' =>
        array (size=3)
          0 => string '破骨之锤' (length=12)
          1 => string '破晓' (length=6)
          2 => string '穿云弓' (length=9)
      'spell' =>
        array (size=3)
          0 => string '奥秘法杖' (length=12)
          1 => string '辉月' (length=6)
          2 => string '噬神之书' (length=12)
      'defense' =>
        array (size=3)
          0 => string '隐匿之甲' (length=12)
          1 => string '砂之守卫' (length=12)
          2 => string '奔狼纹章' (length=12)
```

图 9-11

这是遍历之前的，通过对比我们发现，遍历之后的数组确实较之前的数组少了一部分内容——

heroesList 和 equipsList。没错，因为这两部分我们已经遍历出来了，我们可以通过 $key 取到两个下标，通过 $val 取到两个值，只不过两个值仍然是数组罢了。这就是数组的遍历。

如果你觉得这种遍历有些复杂，可以先来试试下面的简单版本。下面只定义了一个一维数组：

```
<?php
   $stus = array(
            0 =>"张三",
            1 =>"李四",
            2 =>"王五",
            3 =>"马六",
            4 =>"王七",
        );
?>
```

我们来遍历这个数组，看结果是怎样的：

```
<?php
   //遍历学生列表
   foreach($stus as $key=>$val){

      //打印$key
      var_dump($key);

      //打印$val
      var_dump($val);
   }

?>
```

我们仍然使用刚才的方法来遍历，将 stus 的下标和值分别存储到两个变量中，打印结果如图 9-12 所示。

```
D:\wamp64\www\test\test.php:124:int 0
D:\wamp64\www\test\test.php:124:int 1
D:\wamp64\www\test\test.php:124:int 2
D:\wamp64\www\test\test.php:124:int 3
D:\wamp64\www\test\test.php:124:int 4
```

图 9-12

上面是打印出来的下标，再来看值，如图 9-13 所示。

```
D:\wamp64\www\test\test.php:127:string '张三' (length=6)
D:\wamp64\www\test\test.php:127:string '李四' (length=6)
D:\wamp64\www\test\test.php:127:string '王五' (length=6)
D:\wamp64\www\test\test.php:127:string '马六' (length=6)
D:\wamp64\www\test\test.php:127:string '王七' (length=6)
```

图 9-13

可以清晰地看到，这就是我们的值，而且下标和值是一一对应的，这下大家清楚了吧！这里需要注意一点，大飞哥分别打印了 $key 和 $val，这样做是为了让大家看得更清晰！一起打印的结果应该是这样的，如图 9-14 所示。

```
D:\wamp64\www\test\test.php:124:int 0
D:\wamp64\www\test\test.php:127:string '张三' (length=6)
D:\wamp64\www\test\test.php:124:int 1
D:\wamp64\www\test\test.php:127:string '李四' (length=6)
D:\wamp64\www\test\test.php:124:int 2
D:\wamp64\www\test\test.php:127:string '王五' (length=6)
D:\wamp64\www\test\test.php:124:int 3
D:\wamp64\www\test\test.php:127:string '马六' (length=6)
D:\wamp64\www\test\test.php:124:int 4
D:\wamp64\www\test\test.php:127:string '王七' (length=6)
```

图 9-14

为什么是这样顺序？这就涉及数组遍历的顺序问题了。数组被遍历时，程序会从数组当中当前指针（指针默认都会指向第一个单元）指向的单元，也就是第一个同学张三的信息，同时将张三的下标和值分别存储到 $key 和 $val 中，所以打印结果是“0”和“张三”，这是因为先取的张三的下标和值。当这一轮完成之后，指针向后移，移到了李四的信息上，程序又会继续取出李四的下标和值，并将其存储到 $key 和 $val 中。这样循环到最后一个数组单元，也就是“王七”所在的位置，再往后走，因为数组没有多余的单元了，因此会自动返回一个 false，让程序终止。

这样一来，再回到之前的三维数组遍历，你是不是就能够看懂了，为什么打印结果如图 9-15 所示。

```
D:\wamp64\www\test\test.php:116:string 'heroesList' (length=10)
D:\wamp64\www\test\test.php:116:string 'equipsList' (length=10)

D:\wamp64\www\test\test.php:119:
array (size=3)
  'tanks' =>
    array (size=3)
      0 => string '猪八戒' (length=9)
      1 => string '苏烈' (length=6)
      2 => string '刘邦' (length=6)
  'warrior' =>
    array (size=3)
      0 => string '盘古' (length=6)
      1 => string '李信' (length=6)
      2 => string '孙策' (length=6)
  'assassin' =>
    array (size=3)
      0 => string '元歌' (length=6)
      1 => string '百里玄策' (length=12)
      2 => string '花木兰' (length=9)

D:\wamp64\www\test\test.php:119:
array (size=3)
  'attack' =>
```

图 9-15

```
    array (size=3)
      0 => string '破骨之锤' (length=12)
      1 => string '破晓' (length=6)
      2 => string '穿云弓' (length=9)
  'spell' =>
    array (size=3)
      0 => string '奥秘法杖' (length=12)
      1 => string '辉月' (length=6)
      2 => string '噬神之书' (length=12)
  'defense' =>
    array (size=3)
      0 => string '隐匿之甲' (length=12)
      1 => string '砂之守卫' (length=12)
      2 => string '奔狼纹章' (length=12)
```

图 9-15（续）

其实，这里大飞哥仍然分别打印了数组的下标和值，如果一起打印，结果如图 9-16 所示。

```
D:\wamp64\www\test\test.php:136:string 'heroesList' (length=10)

D:\wamp64\www\test\test.php:139:
array (size=3)


  'tanks' =>
    array (size=3)
      0 => string '猪八戒' (length=9)
      1 => string '苏烈' (length=6)
      2 => string '刘邦' (length=6)
  'warrior' =>
    array (size=3)
      0 => string '盘古' (length=6)
      1 => string '李信' (length=6)
      2 => string '孙策' (length=6)
  'assassin' =>

    array (size=3)
      0 => string '元歌' (length=6)
      1 => string '百里玄策' (length=12)
      2 => string '花木兰' (length=9)

D:\wamp64\www\test\test.php:136:string 'equipsList' (length=10)

D:\wamp64\www\test\test.php:139:
array (size=3)
  'attack' =>
    array (size=3)
      0 => string '破骨之锤' (length=12)
      1 => string '破晓' (length=6)
      2 => string '穿云弓' (length=9)
  'spell' =>
    array (size=3)
      0 => string '奥秘法杖' (length=12)
      1 => string '辉月' (length=6)
      2 => string '噬神之书' (length=12)
  'defense' =>
    array (size=3)
      0 => string '隐匿之甲' (length=12)
      1 => string '砂之守卫' (length=12)
      2 => string '奔狼纹章' (length=12)
```

图 9-16

也是先打印出下标，后打印出值，只不过值仍然是一个数组，而且是一个二维数组！

我们了解了遍历的原理以后，就可以来说一下遍历的实际用途了。这里，我们仍然用《王者荣耀》的数组来演示。其实，真实的遍历，就是要将这些数据放置到网页中，实现图片中的效果而已！因此，这里我们只用最简单的方式，实现和上例一样的效果即可！

```
<!-- 准备界面 -->
<body>
   <div id="tab">
      <div class="tabList">
         <ul class="clearfix">
            <li class="cur">英雄大全</li>
            <li>装备大全</li>
            <li>皮肤大全</li>
            <li>符文大全</li>
         </ul>
      </div>
      <div class="tabCon">
         <div class="cur">
            <ul class="menu">
               <li>坦克</li>
               <li>战士</li>
               <li>刺客</li>
            </ul>
            <ul class="vals">
               <li>猪八戒</li>
               <li>苏烈</li>
               <li>刘邦</li>
            </ul>
         </div>
      </div>
      </div>
   </body>

<!-- 准备界面 -->
<body>
   <div id="tab">
      <div class="tabList">
         <ul class="clearfix">
            <?php  foreach($heroes as $key=>$val){  ?>
                  <li><?= $k ?></li>
            <?php  }  ?>
      </ul>
   </div>
   <div class="tabCon">
   <?php  foreach($heroes as $key=>$val){  ?>
      <div>
         <ul class="menu">
            <?php  foreach($val as $k=>$v){  ?
               <li><?= $k ?></li>
            <?php  }  ?>
         </ul>
         <ul class="vals">
            <?php  foreach($val as $k=>$v){  ?
```

```
                <li><?= $v[0] ?></li>
            <?php } ?>
        </ul>
    </div>
<?php } ?>
</div>
</div>
</body>
```

效果如图 9-17 所示。

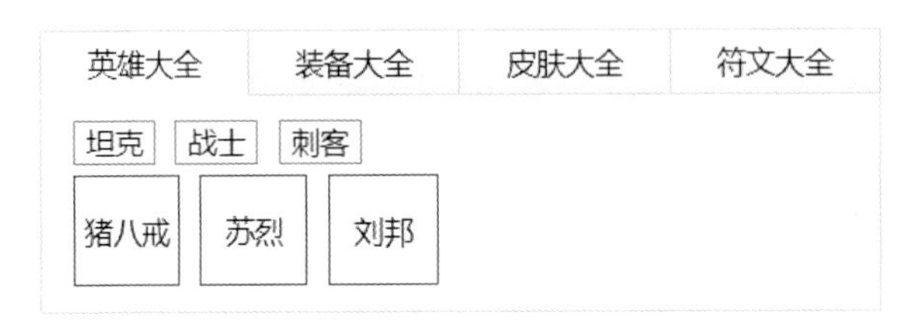

图 9-17

我们现在要通过遍历，实现这个列表的格式，遍历代码如下：

```
<!--准备界面 -->
    <body>
        <div id="tab">
            <div class="tabList">
                <ul class="clearfix">
                    <?php  foreach($heroes as $key=>$val){  ?>
                        <li><?= $key ?></li>
                    <?php } ?>
                </ul>
        </div>
        <div class="tabCon">
            <?php foreach($heroes as $key=>$val){ ?>
                <div>
                    <ul class="menu">
                        <?php foreach($val as $k=>$v){ ?>
                            <li><?= $k ?></li>
                        <?php } ?>
                    </ul>
                    <ul class="vals">
                        <?php foreach($val as $k=>$v){ ?>
                            <li><?= $v[0] ?></li>
                        <?php } ?>
                    </ul>
                </div>
            <?php } ?>
        </div>
    </div>
</body>
```

最终效果如图 9-18 所示。

图 9-18

9.7 常用函数

本节介绍一些经常用到的函数，大家对其有一定的印象即可，需要使用时，再来查阅，见表 9-1。

表 9-1

函数名	描述
array_change_key_case	将数组中的所有键名修改为全大写或小写
array_chunk	将一个数组分割成多个
array_column	返回数组中指定的一列
array_combine	创建一个数组，用一个数组的值作为其键名，另一个数组的值作为其值
array_count_values	统计数组中所有的值
array_diff_assoc	带索引检查计算数组的差集
array_diff_key	使用键名比较计算数组的差集
array_diff_uassoc	使用用户提供的回调函数做索引检查来计算数组的差集
array_diff_ukey	使用回调函数对键名比较计算数组的差集
array_diff	计算数组的差集
array_fill_keys	使用指定的键和值填充数组
array_fill	使用给定的值填充数组
array_filter	使用回调函数过滤数组中的单元
array_flip	交换数组中的键和值
array_intersect_assoc	带索引检查计算数组的交集
array_intersect_key	使用键名比较计算数组的交集
array_intersect_uassoc	带索引检查计算数组的交集，使用回调函数比较索引
array_intersect_ukey	使用回调函数比较键名来计算数组的交集
array_intersect	计算数组的交集
array_key_exists	检查数组里是否有指定的键名或索引
array_keys	返回数组中部分或所有的键名
array_map	为数组的每个元素应用回调函数
array_merge_recursive	递归地合并一个或多个数组
array_merge	合并一个或多个数组

续表

函数名	描述
array_multisort	对多个数组或多维数组进行排序
array_pad	以指定长度将一个值填充进数组
array_pop	弹出数组最后一个单元（出栈）
array_product	计算数组中所有值的乘积
array_push	将一个或多个单元压入数组的末尾（入栈）
array_rand	从数组中随机取出一个或多个单元
array_reduce	使用回调函数迭代地将数组简化为单一的值
array_replace_recursive	使用传递的数组递归替换第一个数组的元素
array_replace	使用传递的数组替换第一个数组的元素
array_reverse	返回单元顺序相反的数组
array_search	在数组中搜索给定的值，如果成功则返回首个相应的键名
array_shift	将数组开头的单元移出数组
array_slice	从数组中取出一段
array_splice	去掉数组中的某一部分并用其他值取代
array_sum	对数组中所有值求和
array_udiff_assoc	带索引检查计算数组的差集，使用回调函数比较数据
array_udiff_uassoc	带索引检查计算数组的差集，使用回调函数比较数据和索引
array_udiff	使用回调函数比较数据来计算数组的差集
array_uintersect_assoc	带索引检查计算数组的交集，使用回调函数比较数据
array_uintersect_uassoc	带索引检查计算数组的交集，使用单独的回调函数比较数据和索引
array_uintersect	计算数组的交集，使用回调函数比较数据
array_unique	移除数组中重复的值
array_unshift	在数组开头插入一个或多个单元
array_values	返回数组中所有的值
array_walk_recursive	对数组中的每个成员递归地应用用户自定义函数
array_walk	使用用户自定义函数对数组中的每个元素做回调处理
array	新建一个数组
arsort	对数组进行逆向排序并保持索引关系
assort	对数组进行排序并保持索引关系
compact	建立一个数组，包括变量名和它们的值
count	计算数组中的单元数目，或对象中的属性个数
current	返回数组中的当前单元
each	返回数组中当前的键 / 值对并将数组指针向前移动一步
end	将数组的内部指针指向最后一个单元
extract	从数组中将变量导入当前的符号表
in_array	检查数组中是否存在某个值

续表

函数名	描述
key_exists	别名 array_key_exists
key	从关联数组中取得键名
krsort	对数组按照键名逆向排序
ksort	对数组按照键名排序
list	把数组中的值赋给一组变量
natasesort	使用“自然排序”算法对数组进行不区分大小写字母的排序
natsort	使用“自然排序”算法对数组排序
next	将数组中的内部指针向前移动一位
pos	current 的别名
prev	将数组的内部指针倒回一位
range	根据范围创建数组，包含指定的元素
reset	将数组的内部指针指向第一个单元
rsort	对数组逆向排序
shuffle	打乱数组
sizeof	count 的别名
sort	对数组排序
uasort	使用用户自定义的比较函数对数组中的值进行排序并保持索引关联
uksort	使用用户自定义的比较函数对数组中的键名进行排序
usort	使用用户自定义的比较函数对数组中的值进行排序

第 10 章 字符串实战

在讲数据类型的部分，已经给大家详细介绍了字符串的定义与使用技巧，当然也少不了一些使用过程中的注意事项，你是不是还记得呢？在本章中，大飞哥要补充一些字符串操作会用到的函数，同时，用我们已学到的知识点，实现一个文本式留言板功能。

首先，我们要看看在本章节将用到的字符串操作相关函数（见表 10-1，完整的函数列表，大家请到 PHP 手册当中查看）。

表 10-1

函数名	描述
strtolower	将字符串全部小写
strtoupper	将字符串全部大写
ucfirst	将字符串首字母大写
ucwords	将字符串中每个单词的首字母大写
htmlspecialchars	格式化字串中的 HTML 标签
strip_tags	从字符串中去除 HTML 和 PHP 标记
strlen	获取字符串长度
mb_strlen	获取指定编码字符串的长度
md5	计算字符串的 MD5 哈希值
substr	返回字符串的子串
strstr	查找字符串的首次出现
strpos	查找字符串首次出现的位置
str_replace	子字符串替换
ltrim	删除字符串开头的空白字符（或其他字符）
rtrim	删除字符串结尾的空白字符（或其他字符）
trim	删除字符串两侧的空白字符（或其他字符）
explode	使用一个字符串分割另一个字符串
implode	将一个一维数组的值转化为字符串
file_get_contents	将整个文件读入一个字符串（文件系统操作函数）
file_put_contents	将一个字符串写入文件（文件系统操作函数）

续表

函数名	描述
time	获取当前系统时间戳
date	获取当前的系统时间的函数
$_SERVER[‘REMOTE_ADDR’]	浏览当前脚本用户的 IP 地址（超全局变量，不是函数）

上述函数就不一一讲解了，主要目的还是要提醒大家，一定要学会自己通过手册解决学习中的问题，这样才能越来越强大！

既然是留言板，那就一定要有一个能够让用户输入留言信息的表单，所以在这里我们首先准备一个用于留言的表单（MessageBoard.php）。因为 PHP 开发考验的是逻辑思维，所以这里准备的页面暂且不讲求样式。如果你想要好看的样式，可以自己调整一下，页面代码如下：

```
<!DOCTYPE html>
<html>
   <head>
      <title>文本式留言板</title>
      <meta charset='utf-8' />
      <style>
         input[type='text']{
            width:335px;
         }
      </style>
   </head>
<body>
   <center>
      <h2>文本式留言板</h2>
      <a href='MessageList.php'>留言列表</a> |
      <a href='MessageBoard.php'>发表留言</a>
      <hr/>
      <h3>发表留言</h3>
      <form action='./doMessage.php'  method='post'>
         <table border='0' width='500'>
            <tr>
               <td align='right'>标题：</td>
               <td>
               <input type='text' name='title' value='' placeholder='请输入留言标题'/>
               </td>
            </tr>
            <tr>
               <td align='right'>作者：</td>
               <td>
               <input type='text' name='author' value='' placeholder='请输入您的昵称'/>
               </td>
            </tr>
            <tr>
               <td align='right'>内容：</td>
               <td>
               <textarea name='content' rows='5' cols='50' placeholder='请填写留言内容'></textarea>
               </td>
```

```
            </tr>
            <tr>
                <td colspan='2' align='center'>
                    <input type='submit' value='发表'/>
                    <input type='reset' value='重置'/>
                </td>
             </tr>
          </table>
      </form>
    </center>
  </body>
</html>
```

实现的页面效果如图 10-1 所示。

图 10-1

仔细观察该表单的提交地址，它会使用 POST 方式提交到 doMessage.php，也就是说，接下来我们要在该文件中处理用户的留言信息（对于 POST 与 GET 提交，若小伙伴们有任何疑问，可以在大飞哥的交流群中沟通），当用户把留言信息提交到 PHP 程序中时，我们需要做的肯定是接收这 3 条信息！因为目前我们还没有学习数据库的相关知识，因此在这里我们先使用 txt 文本文档作为仓库，存储这些留言信息，程序代码如下：

```
<?php
    //处理用户留言信息的程序
    //1. 不允许用户发表空留言信息
    if(empty($_POST['title]) || empty($_POST['author'] || empty($_POST[content])){

        //提示信息，并重新跳转到当前表单
        echo"<script>
                alert("请将信息填写完整后再发布哦！");
                window.location.href = './Messageboard.php';
            </script>";
        //终止当前程序
        die;
    }

    //2. 将发表时间和用户 IP追加到数组中
    $_POST['created_at] = date("Y-m-d H:i:s");
```

```
    $_POST['ip'] =$_SERVER[REMOTE_ADDR'J;

    //3. 接收用户发表的留言信息
    $message=$_POST;

    //4. 将该一维数组转换为使用 ## 符号拼起来的字符串，并以 0 结尾
    $string = implode($message, '##').'@@';

    //5. 将拼装好的信息追加写入当前文件夹下的 message. txt 文本中
    file_put_contents("./message.txt, $string, FILE_APPEND);

    //6. 提示用户留言成功
    echo"<script>
          alert ("留言成功!);
          window.location.href = './MessageList.php';
       </script>";
?>
```

在当前执行留言发表的程序中，首先需要判断用户是不是提交了空的信息，如果提交信息为空，则提示报错信息，并且重新跳转到留言发布页面；若提交的信息合法，首先将文章发表时间和发表人的用户 IP 存储到 POST 数组，然后将一维数组信息拼装成一个使用特定符号拼起来的字符串，并且追加写入 message.txt 文档。这里需要注意，是追加写，因此需要添加 FILE_APPEND 参数。

大飞哥填写了一些信息，并且单击了【发表】按钮，如图 10-2 所示。页面随即跳转，同时弹出了“留言成功”的提示，如图 10-3 所示。

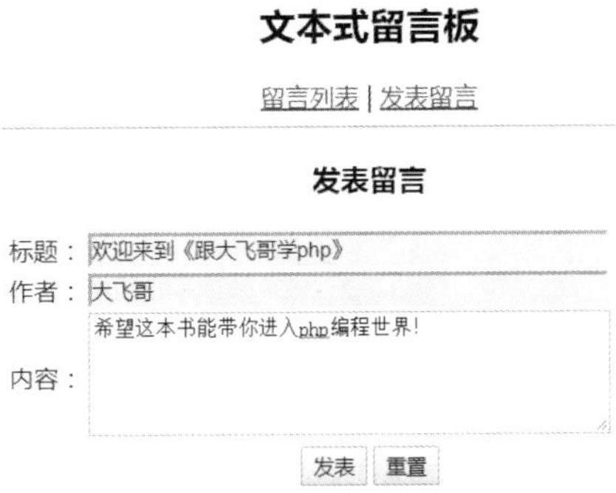

文本式留言板

留言列表 | 发表留言

发表留言

标题：欢迎来到《跟大飞哥学php》
作者：大飞哥
内容：希望这本书能带你进入php编程世界！

发表　重置

图 10-2

localhost 显示
留言成功！
确定

图 10-3

同时，在当前文件夹会自动生成 message.txt 文本文档，里面存储的信息如图 10-4 所示。

```
message.txt - 记事本
文件(F) 编辑(E) 格式(O) 查看(V) 帮助(H)
欢迎来到《跟大飞哥学php》##大飞哥##希望这本书能带你进入php编程世界！##2019-04-17 03:51:34##::1@@
```

图 10-4

信息完美地写入了 message.txt 文档，同时页面跳转到了 MessageList 页面，大家不妨多发布几条留言信息，这是为了方便信息的遍历提取，如图 10-5 所示。

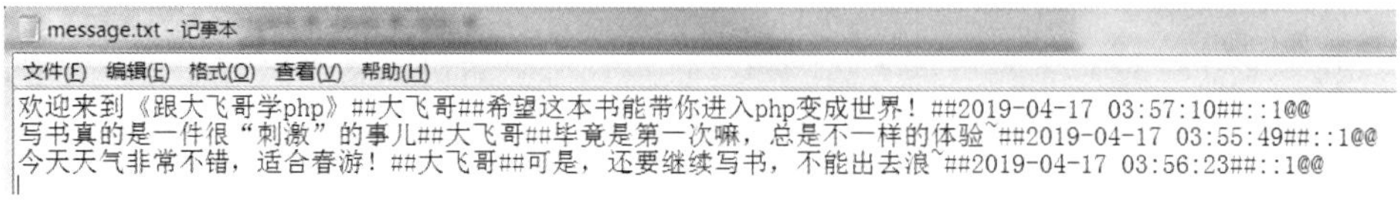

```
message.txt - 记事本
文件(F) 编辑(E) 格式(O) 查看(V) 帮助(H)
欢迎来到《跟大飞哥学php》##大飞哥##希望这本书能带你进入php变成世界！##2019-04-17 03:57:10##::1@@
写书真的是一件很“刺激”的事儿##大飞哥##毕竟是第一次嘛，总是不一样的体验~##2019-04-17 03:55:49##::1@@
今天天气非常不错，适合春游！##大飞哥##可是，还要继续写书，不能出去浪~##2019-04-17 03:56:23##::1@@
```

图 10-5

好了，信息已经准备完毕，接下来我们要把这些信息在 MessageList 页面遍历出来，实现查留言功能！ MessageList 页面代码如下：

```
<!DOCTYPE html>
<html>
   <head>
      <title>文本式留言板</title>
      <meta charset='utf-8'/>
   </head>
   <body>
      <center>
         <h2>文本式留言板</h2>
         <a href='MessageList.php'>留言列表</a> |
         <a href='MessageBoard.php'>发表留言</a>
         <hr/>
         <h3>留言列表</h3>
         <table border='1' width='800'>
            <tr>
               <th>编号</th>
               <th>标题</th>
               <th>作者</th>
               <th>内容</th>
               <th>时间</th>
               <th>IP</th>
               <th>操作</th>
            </tr>
            <tr>
               <td>1</td>
               <td>测试标题</td>
               <td>测试</td>
               <td>这是一篇测试内容</td>
               <td>2019-11-22 15:46:42</td>
               <td>127.0.0.1</td>
               <td>
                  <a href='#'>编辑</a>
                  <a href='#'>删除</a>
```

```
                </td>
            </tr>
        </table>
    </center>
  </body>
</html>
```

我添加了一条测试内容，页面效果如图 10-6 所示。

文本式留言板

留言列表 | 发表留言

留言列表

编号	标题	作者	内容	时间	IP	操作
1	测试标题	测试	这是一篇测试内容	2019-4-17 12:54:28	127.0.0.1	编辑 删除

图 10-6

我们现在只需要从文本中读取所有的内容，并且进行遍历就可以了，代码如下：

```
<!DOCTYPE html>
<html>
  <head>
    <title>文本式留言板</title>
    <meta charset='utf-8'/>
  </head>
  <body>
    <center>
      <h2>文本式留言板</h2>
      <a href='MessageList.php'>留言列表</a> |
      <a href='MessageBoard.php'>发表留言</a>
      <hr/>
      <h3>留言列表</h3>
      <table border='1' width='800'>
        <tr>
          <th>编号</th>
          <th>标题</th>
          <th>作者</th>
          <th>内容</th>
          <th>时间</th>
          <th>IP</th>
          <th>操作</th>
        </tr>
      <?php
        //1. 读取所有的留言，并存储到变量
        $string = file_get_contents('./message.txt');

        //2. 去除右侧@@，并按@@现拆分成一维数组
        $message = explode('@@', rtrim($string,"@@\n"));

        //3.定义编号变量
        $id = 1;
```

```
            //4.遍历所有的留言
            foreach($messages as $key=>$val){

                //5.按##拆分每一条留言信息
                $lists = explode('##', $val);
        ?>

            <tr>
                <td><?= $id ?></td>
                <td><?= $lists[0] ?></td>
                <td><?= $lists[1] ?></td>
                <td><?= $lists[2] ?></td>
                <td><?= $lists[3] ?></td>
                <td><?= $lists[4] ?></td>
                <td>
                    <a href='#'>编辑</a>
                    <a href='#'>删除</a>
                </td>
            </tr>
        <?php
            //6. 编号自增
            $id++;
            }
        ?>
        </table>
    </center>
  </body>
</html>
```

遍历完成之后的页面，呈现效果如图 10-7 所示。

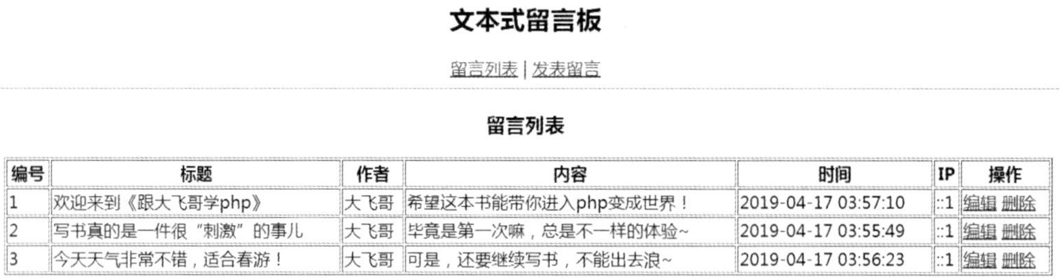

文本式留言板

留言列表 | 发表留言

留言列表

编号	标题	作者	内容	时间	IP	操作
1	欢迎来到《跟大飞哥学php》	大飞哥	希望这本书能带你进入php变成世界！	2019-04-17 03:57:10	::1	编辑 删除
2	写书真的是一件很"刺激"的事儿	大飞哥	毕竟是第一次嘛，总是不一样的体验~	2019-04-17 03:55:49	::1	编辑 删除
3	今天天气非常不错，适合春游！	大飞哥	可是，还要继续写书，不能出去浪~	2019-04-17 03:56:23	::1	编辑 删除

图 10-7

接下来就剩下编辑功能和删除功能了，我们先来做编辑功能。

编辑就是修改，当用户单击【编辑】按钮时，需要让页面跳转到一个和添加表单一模一样的页面，只不过这次是表单中已经将正在编辑的信息全部放进去了。修改表单我们用 editMessage.php 来完成，代码如下：

```
<td>
    <a href='./editMessage.php?id=<?= $key ?>'>编辑</a>
    <a href='./deleteMessage.php'>删除</a>
</td>
```

首先，需要给【编辑】按钮添加参数传递，为的是能够准确定位到正在编辑的文章是哪一篇，接下来就可以在 editMessage 页面把正在编辑的信息读取出来，代码如下：

```
<!DOCTYPE html>
<html>
   <head>
      <title>文本式留言板</title>
      <meta charset='utf-8' />
      <style>
         input[type='text']{
            width:335px;
         }
      </style>
   </head>
   <body>
      <center>
         <h2>文本式留言板</h2>
         <a href='MessageList.php'>留言列表</a> |
         <a href='MessageBoard.php'>发表留言</a>
         <hr/>
         <h3>编辑留言</h3>
      <?php
         //1. 获取正在编辑文章的编号
         $id = $_GET['id'];

         //2. 读取文章列表
         $message = file_get_contents('./message.txt');

         //3. 去除右侧的@@，并且按@@进行拆分
         $lists = explode("@@\n", rtrim($message, '@@'));

         //4.根据文章编号，取出正在编辑的文章，同时根据##将其拆分成一维数组
         $info = explode("##", $lists[$id]);
      ?>
         <form action='./updateMessage.php?id=<?= $id ?>'  method='post'>
            <table border='0' width='500'>
               <tr>
                  <td align='right'>标题：</td>
                  <td>
                  <input type='text' name='title' value='<?= $info[0] ?>' placeholder='
请输入留言标题'/>
                  </td>
               </tr>
               <tr>
                  <td align='right'>作者：</td>
                  <td>
                         <input  type='text'  name='author'  value='<?=  $info[1]  ?>'
placeholder='请输入您的昵称'/>
                  </td>
               </tr>
               <tr>
```

```
                <td align='right'>内容:</td>
                <td>
                  <textarea name='content' rows='5' cols='50' placeholder='请填写留言内容'><?= $info[2] ?></textarea>
                </td>
              </tr>
              <tr>
                <td colspan='2' align='center'>
                  <input type='submit' value='修改'/>
                  <input type='reset' value='重置'/>
                </td>
              </tr>
            </table>
          </form>
        </center>
      </body>
    </html>
```

然后，单击每一篇文章的【编辑】按钮，都可以打开该文章的编辑页面，如图 10-8 所示。

图 10-8

要想实现文章的修改功能，就需要编写 updateMessage 页面的功能。观察表单的提交地址，可以发现它的提交地址是 updateMessage.php，因此，如果我们修改了留言内容，应当在 updateMessage.php 进行文章的修改:

```
<form action='./updateMessage.php?id=<?= $id ?>' method='post'>
```

首先需要通过修改表单地址栏传递修改信息的编号，在 updateMessage.php 接收该编号，即可执行信息的修改。

```
<?php
  //1. 首先仍然得判断用户是否修改成了空的留言信息
  if(empty($_POST['title']) || empty($_POST['author']) || empty($_POST[content])){

    //提示信息，并重新跳转到当前表单
    echo"<script>
      alert("请将信息填写完整后再发布哦! ");
      window.location.href = './updateMessage.php?id=<?= $_GET['id'] ?>';
      </script>";
    //终止当前程序的执行
```

```
        die;
    }

    //2. 获取要进行修改文章的编号
    $id = $_GET['id'];

    //3. 更新修改时间和IP
    $_POST['updated_at] = date("Y-m-d H:i:s");
    $_POST['ip'] =$_SERVER[REMOTE_ADDR'J;

    //4. 将修改后的文章信息按##拼装成字符串
    $change = implode('##', $_POST);

    //5. 在message.txt中将所有留言信息提取过来
    $message = file_get_contents('message.txt');

    //6.按@@拆分出每一条留言信息
    $lists = explode('@@', $message);

    //7.用新文章信息替换旧文章
    $lists[$id] = $change;

    //8.将修改之后的list拼装回字符串
    $message = implode('@@', $lists);

    //9.将修改之后的数据覆盖写回到liuyan.txt
    file_put_contents("./message.txt", $message);

    //10. 提示用户留言成功
    echo"<script>
          alert ("恭喜，留言编辑成功!);
          window.location.href ="{$_SERVER['HTTP_REFERER']}";
       </script>";

?>
```

如此一来，修改功能就完成了，赶紧去测试一下吧!

接下来，就是删除功能了。相信有了开发添加和修改功能的经验，删除功能对于你来说也不是什么难事儿了。要完成删除功能，还是得在【删除】按钮的位置添加正在被删除的信息的编号。

```
<td>
   <a href='./editMessage.php?id=<?= $key ?>'>编辑</a>
   <a href='./deleteMessage.php?id=<?= $key ?>'>删除</a>
</td>
```

编号可以在 deleteMessage.php 页面接收，然后根据该编号，对留言信息进行删除。

删除功能代码如下:

```
<?php
   //删除留言信息的功能
```

```
    //1.获取正在删除留言的编号
    $id = $_GET['id'];

    //2. 读取message.txt 中所有的留言信息
    $message = file_get_contents('message.txt');

    //3.去除右侧的@@，并根据@@拆分所有的留言信息
    $lists = explode('@@', rtrim($message,'@@'));

    //4.删除指定编号的留言信息
    unset($lists[$id]);

    //5.将剩下的留言信息，再使用@@拼装回去，并在结尾添加@@
    $message = implode('@@', $lists);

    //6.将拼装好的留言写回到message.txt中
    file_put_contents('message.txt', $message);

    //7.提示成功信息
    echo"<script>
          alert('恭喜，删除成功！');
          window.location.href ="{$_SERVER['HTTP_REFERER']}";
       </script>";
?>
```

到这里，文本式留言板的功能就全部完成了，但还有点小问题，那就是当我们把所有的留言删除之后，留言列表页面会报错，如图 10-9 所示。

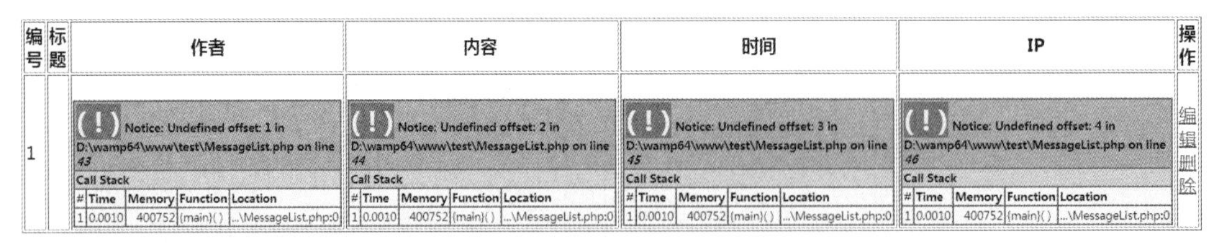

图 10-9

这是因为 message.txt 中已经没有信息了，可遍历却还在进行，因此，我们需要在列表遍历之前先判断一下是否还有信息，若没有信息了，就不需要再遍历了。

```
<!DOCTYPE html>
<html>
   <head>
      <title>文本式留言板</title>
      <meta charset='utf-8'/>
   </head>
   <body>
```

```
<center>
    <h2>文本式留言板</h2>
    <a href='MessageList.php'>留言列表</a> |
    <a href='MessageBoard.php'>发表留言</a>
    <hr/>
    <h3>留言列表</h3>
    <table border='1' width='800'>
        <tr>
            <th>编号</th>
            <th>标题</th>
            <th>作者</th>
            <th>内容</th>
            <th>时间</th>
            <th>IP</th>
            <th>操作</th>
        </tr>
    <?php
        //1. 读取所有的留言，并存储到变量
        $string = file_get_contents('./message.txt');

        //2. 去除右侧@@，并按@@现拆分成一维数组
        $message = explode('@@', rtrim($string,"@@\n"));

        //3.定义编号变量
        $id = 1;

        //补充判断：留言文件若没有信息，则不再需要遍历
        if($message[0]!=''){

        //4.遍历所有的留言
        foreach($messages as $key=>$val){

        //5.按##拆分每一条留言信息
        $lists = explode('##', $val);
?>

    <tr>
        <td><?= $id ?></td>
        <td><?= $lists[0] ?></td>
        <td><?= $lists[1] ?></td>
        <td><?= $lists[2] ?></td>
        <td><?= $lists[3] ?></td>
        <td><?= $lists[4] ?></td>
        <td>
            <a href='#'>编辑</a>
            <a href='#'>删除</a>
        </td>
    </tr>
<?php
        //6. 编号自增
        $id++;
```

```
            }
        }else{
    ?>
        <tr align='center'>
            <td colspan='7'>没有查到任何留言信息</td>
        </tr>
    <?php
        }
    ?>
    </table>
  </center>
 </body>
</html>
```

看一下删除信息完毕之后的页面，如图10-10所示，非常完美！

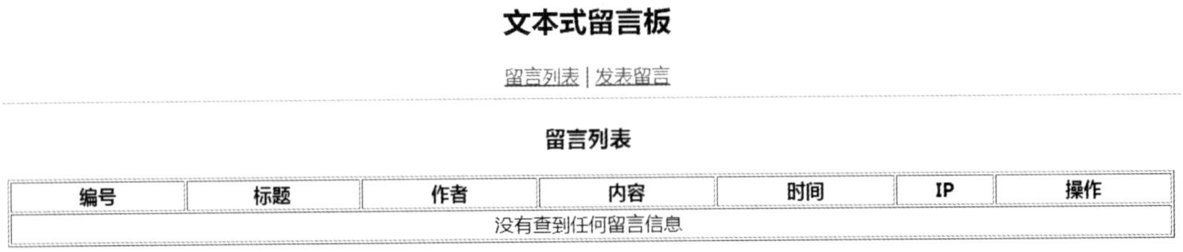

文本式留言板

留言列表 | 发表留言

留言列表

编号	标题	作者	内容	时间	IP	操作
没有查到任何留言信息						

图10-10

第 11 章 正则表达式

不知不觉间，我们的学习已经进入到第 11 章了。时光飞快，能够坚持走到这里的你，实在是令我佩服！因为你的坚持与努力，你离胜利越来越近了！让我们继续加油学下去吧！

这一章，我们要讲的是“正则”。通常大家听到“正则”，都会觉得它很神秘，甚至有一些难以理解。这里，我要给大家打一针强心剂！其实，它并没有你想象的那么难！相反，只要你掌握了它的核心概念，学习就会变得非常容易！

11.1 什么是正则表达式

这是第一个要解答的问题，大飞哥用一个例子来说明：大飞哥在编写本书的时候，总会写错一些内容，例如因为马虎把书中的 PHP（大写）写成了 php（小写），这个时候如果是你，会怎么解决呢？对，肯定是使用 Word 中的查找替换功能，瞬间就能改正过来！其实这就是正则验证的一种体现，只不过这个验证是集成在 Word 文档中的一个功能。Word 文档可以实现检索字符，找到文章中所有的匹配项，并通过替换功能将其替换成其他的内容！

正则表达式其实也是一样的！只不过，它是集成在 PHP 中的一个功能。PHP 本身也有管理文章的功能，例如大家如果在百度贴吧、天涯论坛这些社交平台上发表了一些不正当的言论，平台都能从你的文章中检索并屏蔽这些敏感词，这就是利用了正则的查找功能！

11.2 正则表达式用来干什么

通过上述的案例大家就能明白了，正则表达式其实就是对字符串进行查找、匹配、分割、替换的工具！ PHP 可以通过正则表达式来管理文章、段落、文字等内容，并实现上述功能。另外，正则表达式其实也是一段字符串，只不过它是一段比较特殊的字符串。

11.3 怎么学习正则

要想真正理解和用好正则，你需要知道：

- 正则的规则
- 正则的模式
- 正则定界符
- 正则的原子
- 正则的元字符
- 正则的模式修正符
- 正则的实用案例

11.4 正则的规则

目前，PHP 采用的正则规则是基于 PCRE 拓展的一套函数。该函数有一个特点，就是开头 4 个字母都是 preg，如表 11-1 所示。

表 11-1

函数	描述
preg_filter	执行正则表达式的搜索和替换功能
preg_grep	返回匹配模式的数组条目
preg_last_error	返回最后一个正则执行产生的错误代码
preg_match_all	执行一个全局正则表达式匹配
preg_match	执行一个正则表达式匹配
preg_quote	转义正则表达式字符
preg_replace_callback_array	执行一个正则表达式搜索并且使用一个回调进行替换
preg_replace_callback	执行一个正则表达式搜索并且使用一个回调进行替换
preg_replace	执行一个正则表达式的搜索和替换
preg_split	通过一个正则表达式分隔字符串

在后续的学习中，我们会依次使用上述函数来进行案例演示。当然，如果你对自己足够自信，也可以自己通过 PHP 手册来查询每一个函数的功能。

11.5 正则的模式

我们已经知道，正则就是一段特殊的字符串，那么正则模式到底是干什么的？可以打个比方，电脑有开机模式、睡眠模式、注销模式、关机模式，在不同的模式下，电脑的显示界面是不一样的。

正则模式也是同理。如果想匹配一篇文章中的内容，我们可以全局匹配符合条件的内容，也可以只匹配依次符合条件的内容；或者可以匹配张三，也可以匹配李四。这些不同的匹配方式，其实就是正则的模式了。

总之，就是不同的正则代码，可以匹配不同的内容，这就是不同的模式。在这里，我们要用到两个后续非常常用的函数，首先是 preg_match()：

```
<?php
    //在文章中匹配一次符合条件的内容
    //使用格式：preg_match("要匹配的内容","文章内容","匹配结果");
    preg_match("/a/","abcabc", $res);

    //打印匹配结果
    var_dump($res);
?>
```

上述案例匹配的结果如图 11-1 所示。

```
D:\wamp64\www\test\test.php:8:
array (size=1)
  0 => string 'a' (length=1)
```

图 11-1

另外一个函数是 preg_match_all()：

```
<?php
    //在文章中匹配一次符合条件的内容
    //使用格式：preg_match_all("要匹配的内容","文章内容","匹配结果");
    preg_match_all("/a/","abcabc", $res);

    //打印匹配结果
    var_dump($res);
?>
```

上述案例匹配的结果如图 11-2 所示。

```
D:\wamp64\www\test\test.php:15:
array (size=1)
  0 =>
    array (size=2)
      0 => string 'a' (length=1)
      1 => string 'a' (length=1)
```

图 11-2

可以很明显地看出两个匹配函数的相似点与区别：第一个函数只匹配了一次符合条件的结果，而第二个函数则把所有符合条件的结果都匹配出来了；相似点就是它们的结果都存储到了一个数组中。

11.6　正则的定界符

细心的同学可能发现了，在上述案例中，在“要匹配的内容”一栏书写内容时，我们用了两个斜杠，中间写上 'a' 的这种形式，这两个斜杠就是正则模式的定界符。如果没有它们，我们就没有办法区分哪个是正则模式，哪个是文本内容了，因此 PHP 要求我们为书写正则模式的地方加上斜杠予以区分。

这里值得注意的是，除了可以使用两个斜杠作为定界符，我们还可以选择一些其他的特殊字符来作为定界符，例如“# #”“% %”“& &”等符号都是可以的。但是为了和其他类似于 JavaScript 语言中的正则一致，我们推荐使用两个斜杠“/ /”的形式来定义。

11.7 正则的原子

正则模式的定界符我们已经确定了，但是这个定界符当中的内容该怎么填呢？首先，它有一个名称——原子。什么是原子？原子是正则表达式的最基本组成单位，而且一个正则表达式必须至少要包含一个原子。只要一个正则表达式可以单独使用的字符，就是原子。

上面的案例中我们只是放了一个非常简单的原子字母“a”，我们可以在字符串中匹配到和 a 一样的内容，那如果是其他的内容呢？例如阿拉伯数字、大小写英文字母、回车换行符甚至是中文字符，这些内容我们应该怎么匹配呢？

PHP 为我们准备了下列原子，在后续的匹配工作中，我们都可以使用，如表 11-2 所示。

表 11-2

代表范围的原子	说明	自定义原子表示法
\d	表示任意一个十进制的数字	[0-9]
\D	表示任意一个除数字之外的字符	[^0-9]
\s	表示任意一个空白字符，空格，\n\r\t\f	[\n\r\t\f]
\S	表示任意一个非空白	[^\n\r\t\f]
\w	表示任意一个字 a-zA-Z0-9_	[a-zA-Z0-9_]
\W	表示任意一个除了 a-zA-Z0-9_ 之外的任意一个字符	[^a-zA-Z0-9_]

这里可能同学们又要问了，大飞哥，你这不逗我呢么？看不懂啊！

别着急，这个表应该怎么看，容我慢慢道来。

```
<?php
    //我们想从段落中匹配出所有的数字
    preg_match_all("/?/","a1b2c3d4e5f6h7i8", $res);
?>
```

大家看这个案例，我们想要从中间的字符串中匹配出所有的阿拉伯数字，该怎么办呢？根据我们看过的第一个实例，大家可能会说，简单呀，直接把问号替换为“12345678”不就可以了吗？答案真的是这样吗？我们来测试一下：

```
<?php
    //我们想从段落中匹配出所有的数字
    preg_match_all("/12345678/","a1b2c3d4e5f6h7i8", $res);

    //打印匹配结果
    var_dump($res);
?>
```

其打印结果如图 11-3 所示。

```
D:\wamp64\www\test\test.php:22:
array (size=1)
  0 =>
    array (size=0)
      empty
```

图 11-3

空的，这说明我们的正则模式写错了，不能直接写“12345678”，因为程序认为你想从正文中寻找“12345678”这一段内容，所以它不能间接地找到 a1b2c3d4e5f6h7i8 中所包含的阿拉伯数字。

为了解决这个问题，需要对正则模式的内容进行一些调整：

```
<?php
    //我们想从段落中匹配出所有的数字
    preg_match_all("/[12345678]/","a1b2c3d4e5f6h7i8", $res);

    //打印匹配结果
    var_dump($res);
?>
```

这次的打印结果如图 11-4 所示。

```
D:\wamp64\www\test\test.php:22:
array (size=1)
  0 =>
    array (size=8)
      0 => string '1' (length=1)
      1 => string '2' (length=1)
      2 => string '3' (length=1)
      3 => string '4' (length=1)
      4 => string '5' (length=1)
      5 => string '6' (length=1)
      6 => string '7' (length=1)
      7 => string '8' (length=1)
```

图 11-4

这样就找到了？为什么只多加了一对方括号就能找到呢？原因就是我们用到了正则表达式当中非常特殊的一个东西——原子表。有了原子表之后，原子表中的所有内容之间，都是“或者”的关系，也就是说，我们要在正文中找 1 或 2 或 3……或 8 的内容，同学们懂了吧。

除了通过以上述形式来查找所有的阿拉伯数字，我们还有一种更简单的方式，这就是正则表达式当中代表范围的原子：

```
<?php
    //我们想从段落中匹配出所有的数字
    preg_match_all("/\d/","a1b2c3d4e5f6h7i8", $res);

    //打印匹配结果
    var_dump($res);
?>
```

打印结果如图 11-5 所示。

```
D:\wamp64\www\test\test.php:22:
array (size=1)
  0 =>
    array (size=8)
      0 => string '1' (length=1)
      1 => string '2' (length=1)
      2 => string '3' (length=1)
      3 => string '4' (length=1)
      4 => string '5' (length=1)
      5 => string '6' (length=1)
      6 => string '7' (length=1)
      7 => string '8' (length=1)
```

图 11-5

这次，把原子表的内容直接换成了“\d”。其实“\d”的含义就是“[123456789]”，只不过这种方式更加方便快捷！大家觉得呢？

给大家出一道小题，如果我们把这个“\d”换成“\D”之后，结果应该是什么呢？

```
<?php
    //我们想从段落中匹配出所有的数字
    preg_match_all("/\D/","a1b2c3d4e5f6h7i8", $res);

    //打印匹配结果
    var_dump($res);
?>
```

结果给大家写出来了，那就是除了阿拉伯数字之外的所有内容，如图 11-6 所示。

```
D:\wamp64\www\test\test.php:22:
array (size=1)
  0 =>
    array (size=8)
      0 => string 'a' (length=1)
      1 => string 'b' (length=1)
      2 => string 'c' (length=1)
      3 => string 'd' (length=1)
      4 => string 'e' (length=1)
      5 => string 'f' (length=1)
      6 => string 'h' (length=1)
      7 => string 'i' (length=1)
```

图 11-6

顺着这样的思路，大家可以把上述表格的所有原子和对应的表示范围的原子符号都进行尝试，相信你很快就能掌握正则的基本使用方法了。

11.8 正则的元字符

通过上面的练习，我们已经学会了正则的基本使用方法，本节将会带大家认识正则当中涵盖的所有元字符。

11.8.1 原子表

[abc]：代表要匹配段落中的 a 或 b 或 c。

```
<?php
    //定义一个段落
    $str ="dafei is a handsome young man!";

    //定义正则模式
    $patt ="/[abc]/";

    //开始匹配（将从$str字符串中匹配出所有的a、b、c字母）
    preg_match_all($patt, $str, $res);
```

```
    //打印结果
    var_dump($res);
?>
```

打印结果如图 11-7 所示。

```
E:\software\wamp64\www\demo.php:247:
array (size=1)
  0 =>
    array (size=4)
      0 => string 'a' (length=1)
      1 => string 'a' (length=1)
      2 => string 'a' (length=1)
      3 => string 'a' (length=1)
```

图 11-7

11.8.2 匹配次数

有些时候，我们需要规定匹配内容的长度，这个时候，可以使用以下几个小技巧来实现对匹配内容长度的限制。

※ [n]：代表要匹配的原子出现 *n* 次。

```
<?php
    //请使用正则模式匹配字符串当中的5位长度的阿拉伯数字
    preg_match_all("/\d{5}/","my qq number is 756872006", $res);

    //打印结果
    var_dump($res);
?>
```

打印结果如图 11-8 所示。

```
E:\software\wamp64\www\demo.php:255:
array (size=1)
  0 =>
    array (size=1)
      0 => string '75687' (length=5)
```

图 11-8

※ [n，]：代表要匹配的原子至少出现 *n* 次。

```
<?php
    //请使用正则模式匹配字符串当中至少5位长度的阿拉伯数字
    preg_match_all("/\d{5, }/","my qq number is 756872006", $res);

    //打印结果
    var_dump($res);
?>
```

打印结果如图 11-9 所示。

```
E:\software\wamp64\www\demo.php:255:
array (size=1)
  0 =>
    array (size=1)
      0 => string '756872006' (length=9)
```

图 11-9

※ [n，m]：代表要匹配的原子最少出现 *n* 次，最多出现 *m* 次

```
<?php
    //请使用正则模式匹配字符串当中至少5位，最多8位长度的阿拉伯数字
    preg_match_all("/\d{5, 8}/","my qq number is 756872006", $res);

    //打印结果
    var_dump($res);
?>
```

打印结果如图 11-10 所示。

```
E:\software\wamp64\www\demo.php:255:
array (size=1)
  0 =>
    array (size=1)
      0 => string '75687200' (length=8)
```

图 11-10

11.8.3 抑扬符与美元符号

某些情况下，我们需要规定用户输入或提交的字符串开头必须为大写字母，或者结尾必须为数字，或者是长度必须为 6 ～ 16 位，不能多也不能少！此时，我们就需要用到抑物符号和美元符号！

抑扬符 ^，它有两层含义：若将其放在正则模式的开头，则代表了必须以该符号后面的内容作为开头；若将其放在原子表的开头，则代表了查找除了该原子表中内容之外的所有内容。

美元符号 $ 放置在正则模式的结尾，则代表了必须使用该符号之前的内容作为结尾。

若同时将抑扬符和美元符号书写在正则模式的开头和结尾，这就是精确匹配了。该种匹配方式可以限定匹配内容的长度、内容是否符合正则模式的要求。

下面我们把抑扬符号和美元符号的使用分别用案例来演示，大家可以边看边练，你一定能体会到其中的奥秘。

首先看一下抑扬符号的第一种用法：

```
<?php
    //抑扬符号的使用
    $str ="FdsaglkjFei75687200613865983";

    //定义正则模式
    $patt ="/^[A-Z]\w{11}/";

    //开始匹配
    preg_match_all($patt, $str, $res);

    //打印结果
    var_dump($res);
?>
```

上述案例要查找的内容是开头必须是大写 A 到 Z 之间的任意字母，后面的内容是由字母、数

字或下划线组成的 10 位内容，组合起来一共是 11 位字符。打印结果如图 11-11 所示。

```
D:\wamp64\www\test\1.YiYang.php:12:
array (size=1)
  0 =>
    array (size=1)
      0 => string 'FdsaglkjFei7' (length=12)
```

图 11-11

下面我们来看一下抑扬符的第二种使用场景：如果我们将它放到原子表中，会出现什么特殊的情况吗？

```
<?php
    //抑扬符的第二种使用方法
    $str ="abcdefg1234567!@#$%^&";

    //正则模式（匹配除了阿拉伯数字和特殊符号之外的任意内容）
    $patt ="/[^\d\Waceg]/";

    //开始匹配
    preg_match_all($patt, $str, $res);

    //打印结果
    var_dump($res);
?>
```

上述案例原子表中有 \d \W，说明我们想要匹配阿拉伯数字和除了字母、数字、下划线之外的，当然，还有后面 aceg 几个字母之外的内容。但是因为我们在原子表开头加了抑扬符号，这就说明我们要去除原子表中指定的其他内容，打印结果如图 11-12 所示。

```
D:\wamp64\www\test\1.YiYang.php:48:
array (size=1)
  0 =>
    array (size=3)
      0 => string 'b' (length=1)
      1 => string 'd' (length=1)
      2 => string 'f' (length=1)
```

图 11-12

对，只有这几个字母。

下面我们再来看看美元符号的使用方法。大家可以想一想下面正则模式匹配的结果应该是什么？

```
<?php
    //看一下美元符号的使用
    $str ="fjkdlsjaglkje8727948fj";

    //定义正则模式
    $patt ="/\w{11}[a-z]$/";

    //开始匹配
    preg_match_all($patt, $str, $res);

    //打印结果
```

```
    var_dump($res);
?>
```

通过正则模式我们可以看到，我们想要的是一个由字母、数字和下划线组成的 11 位字符，并且结尾一定是 a 至 z 之间的小写字母，因此其打印结果如图 11-13 所示。

```
D:\wamp64\www\test\1.YiYang.php:25:
array (size=1)
  0 =>
    array (size=1)
      0 => string 'kje8727948fj' (length=12)
```

图 11-13

有同学可能要问了，为什么不是前 11 位，而是从后面数 11 位？大家不要忘了，我们加了 $ 符号，就意味着要从字符串的结尾去定位，所以匹配的结果是从结尾开始算的。

刚才我们看到的，都是抑扬符号和美元符号单独使用的情景，如果合二为一呢？如下面这个案例所示：

```
<?php
    //同时使用抑扬符号和美元符号（精确匹配）
    $str ="Fj24jvgdsagd4346";

    //定义正则模式（必须是6-16位长度，大写字母开头，小写字母结尾）
    $patt ="/^[A-Z]\w{5,15}$/";

    //开始匹配
    preg_match_all($patt, $str, $res);

    //打印结果
    var_dump($res);
?>
```

大家可以看到，前有抑扬符，后有美元符，那么这个案例的结果应该是什么呢？字符串的内容是否符合这个正则模式的规则呢？

答案是符合的，匹配的结果如图 11-14 所示。

```
D:\wamp64\www\test\1.YiYang.php:38:
array (size=1)
  0 =>
    array (size=1)
      0 => string 'Fj24jvgdsagd4346' (length=16)
```

图 11-14

如果对这个案例稍做修改，是不是仍然能够匹配？

```
<?php
    //同时使用抑扬符号和美元符号（精确匹配）
    $str ="Fj24jvgdsagd434612";

    //定义正则模式（必须是6-16位长度，大写字母开头，小写字母结尾）
    $patt ="/^[A-Z]\w{5,15}$/";

    //开始匹配
```

```
    preg_match_all($patt, $str, $res);

    //打印结果
    var_dump($res);

?>
```

接下来，我多加了两位数字，是不是依然可以呢？如图 11-15 所示。

```
D:\wamp64\www\test\1.YiYang.php:38:
array (size=1)
  0 =>
    array (size=0)
      empty
```

图 11-15

可以看到，这次就无法再匹配到了，其原因，相信大家也知道了。虽然开头与结尾符合要求，但是字符数量超出了要求，这样就不对了！

同学们可能已经有点感觉了，6 到 16 位？这不是用户名和密码的长度要求嘛？正是如此，其实正则表达式非常重要的一个作用，就是做表单提交信息的验证。

11.8.4 常用元字符

点号，代表了任意除了换行符之外的内容，若想要匹配中文等内容，该符号必不可少。

星号，代表了任意的长度，相当于 {0，}。

加号，代表了匹配内容至少出现 1 次，相当于 {1，}。

问号，代表了匹配内容可有可无，相当于 {0，1}。

我们首先来看一下点号的使用案例。虽然 PHP 已经为我们准备了很多原子，供我们对字符串进行查找匹配，但是毕竟 PHP 是外国人开发的语言，这些原子用来匹配英文还是很好用的，但是如果我们想要匹配中文呢？为此，作者为我们准备了点号这个元字符，它可以匹配任何除了换行符 \n 的内容，中文当然也不例外，可以被完美匹配！所以在一般情况下，我们想要匹配中文就使用它。

```
<?php
    //匹配任意一个字符的符号
    $str ="abcdefgABCDEFG1234567!@#$%^&*(.+?";

    //定义正则模式
    $pstt ="/./";

    //开始匹配
    preg_match_all($patt, $str, $res);

    //打印结果
    var_dump($res);
?>
```

如上所示，我们定义了一个字符串 $str，同时我们定义了一个正则模式，里面只写了一个点号，这样一来，就可以通过函数 preg_match_all 来匹配了，看看匹配结果是什么，如图 11-16 所示。

```
D:\wamp64\www\test\test.php:13:
array (size=1)
  0 =>
    array (size=33)
      0 => string 'a' (length=1)
      1 => string 'b' (length=1)
      2 => string 'c' (length=1)
      3 => string 'd' (length=1)
      4 => string 'e' (length=1)
      5 => string 'f' (length=1)
      6 => string 'g' (length=1)
      7 => string 'A' (length=1)
      8 => string 'B' (length=1)
      9 => string 'C' (length=1)
      10 => string 'D' (length=1)
      11 => string 'E' (length=1)
      12 => string 'F' (length=1)
      13 => string 'G' (length=1)
      14 => string '1' (length=1)
      15 => string '2' (length=1)
      16 => string '3' (length=1)
      17 => string '4' (length=1)
      18 => string '5' (length=1)
      19 => string '6' (length=1)
      20 => string '7' (length=1)
      21 => string '!' (length=1)
      22 => string '@' (length=1)
      23 => string '#' (length=1)
      24 => string '$' (length=1)
      25 => string '%' (length=1)
      26 => string '^' (length=1)
      27 => string '&' (length=1)
      28 => string '*' (length=1)
      29 => string '(' (length=1)
      30 => string '.' (length=1)
      31 => string '+' (length=1)
      32 => string '?' (length=1)
```

图 11-16

我们匹配到了所有的字符内容，这说明点号确实能够匹配任何内容，那如果我们放的是中文呢？虽然可以匹配，但是建议不要单独使用它来匹配汉字，如下所示：

```
<?php
    //匹配任意一个字符的符号
    $str ="我爱你！";

    //定义正则模式
    $patt ="/./";

    //开始匹配
    preg_match_all($patt, $str, $res);

    //打印结果
    var_dump($res);
?>
```

当你看到匹配结果的时候，就知道为什么不建议单独使用点号来匹配了，如图 11-17 所示。

```
D:\wamp64\www\test\test.php:13:
array (size=1)
  0 =>
    array (size=12)
      0 => string '�' (length=1)
      1 => string '�' (length=1)
      2 => string '�' (length=1)
      3 => string '�' (length=1)
      4 => string '�' (length=1)
```

图 11-17

```
5 => string '�' (length=1)
6 => string '�' (length=1)
7 => string '�' (length=1)
8 => string '�' (length=1)
9 => string '�' (length=1)
10 => string '�' (length=1)
11 => string '�' (length=1)
```

图 11-17（续）

因为它是按字节的方式进行匹配，每次只能匹配一个字节的内容。而每个汉字在 UTF-8 编码下占用 3 个字节，因此这里出现了 12 个乱码信息。1 个乱码占 1 个字节，3 个乱码是 1 个汉字。

那么问题又来了，我们该如何匹配汉字呢？别急，大飞哥这就给你展示出来！

```
<?php
    //匹配任意一个字符的符号
    $str ="我爱你！";

    //定义正则模式
    $patt ="/.*/";

    //开始匹配
    preg_match_all($patt, $str, $res);

    //打印结果
    var_dump($res);
?>
```

当我们把正则模式改成“.*”，其含义就变成了：匹配任意长度的任意内容。这样一来，打印匹配结果如图 11-18 所示。

```
D:\wamp64\www\test\test.php:13:
array (size=1)
  0 =>
    array (size=2)
      0 => string '我爱你！' (length=12)
      1 => string '' (length=0)
```

图 11-18

若同时将 .*? 写在一起，则代表了要匹配的内容可以是任意内容、任意长度，且最多只能出现一次，这也就意味着，这种匹配属于拒绝贪婪匹配。

贪婪匹配，是我们使用正则模式做内容匹配时非常常见的一个问题，如下所示：

```
<?php
    //贪婪匹配
    $str ="#钢铁侠##蜘蛛侠##美国队长##绿巨人##雷神#";

    //定义正则模式（请匹配到##所包含的每一个英雄的名字）
    $patt ="/#.*#/";          //贪婪匹配

    //开始匹配
    preg_match_all($patt, $str, $res);

    var_dump($res);
?>
```

正常来说，我们应该可以匹配到每两个#号中的超级英雄名称信息，因为每一个超级英雄的名称信息都符合我们的模式规则，可现实如图11-19所示。

```
D:\wamp64\www\test\test.php:31:
array (size=1)
  0 =>
    array (size=1)
      0 => string '#钢铁侠##蜘蛛侠##美国队长##绿巨人##雷神#' (length=55)
```

图11-19

可以清晰地看到，我们一下把整个字符串都匹配过来了！其原因就是PHP在匹配时认为“.*”即代表任意长度的任意内容，因此它把第一个#号到最后一个#号中间的内容，认定为我们要匹配的内容，所以导致了这个问题！如果想要解决这个问题，我们就需要使用问号，如下所示：

```
<?php
    //贪婪匹配
    $str ="#钢铁侠##蜘蛛侠##美国队长##绿巨人##雷神#";

    //定义正则模式（请匹配到##所包含的每一个英雄的名字）
    $patt ="/#.*?#/";                    //拒绝贪婪匹配

    //开始匹配
    preg_match_all($patt, $str, $res);

    var_dump($res);
?>
```

这一次，我们在正则模式中“.*”的后面加上了问号，这就是拒绝贪婪匹配的最直观的表现了，如图11-20所示。在将来，当我们想要从网页当中匹配到某些类似于上述内容的信息时，就可以采用拒绝贪婪匹配来解决问题！

```
D:\wamp64\www\test\test.php:30:
array (size=1)
  0 =>
    array (size=5)
      0 => string '#钢铁侠#' (length=11)
      1 => string '#蜘蛛侠#' (length=11)
      2 => string '#美国队长#' (length=14)
      3 => string '#绿巨人#' (length=11)
      4 => string '#雷神#' (length=8)
```

图11-20

11.8.5 小括号

小括号在编程中出现的概率是非常高的，在前面介绍PHP运算符时，我们已经使用过它了。在正则表达式这个章节，它也发挥着不可小觑的作用。同样的小括号，放到不同的位置，会产生不同的神奇效果！

1. 提升运算符优先级

首先要说提升运算符优先级这一块。和数学中的括号一样，它可以提升运算表达式的运算优先级，例如（3 + 4）* 5 的答案就是 35，因为先运算加法运算。正则模式中的括号，同样也会提升正则模式的运算优先级。

2. 对匹配内容进行子存储

通过对本章内容的学习，我们都知道使用正则表达式可以匹配字符串中的大部分内容，就好比我们上一节刚刚使用拒绝贪婪匹配到的内容，如图 11-21 所示。

```
D:\wamp64\www\test\test.php:30:
array (size=1)
  0 =>
    array (size=5)
      0 => string '#钢铁侠#' (length=11)
      1 => string '#蜘蛛侠#' (length=11)
      2 => string '#美国队长#' (length=14)
      3 => string '#绿巨人#' (length=11)
      4 => string '#雷神#' (length=8)
```

图 11-21

内容固然匹配到了，但却并不是我想要的最终结果。大飞哥想要的，是包含在两个 # 号中间的超级英雄名称，而不包含两侧的 # 号，这个该如何实现呢？其实方法也非常简单：

```
<?php
    //贪婪匹配
    $str ="#钢铁侠##蜘蛛侠##美国队长##绿巨人##雷神#";

    //定义正则模式（请匹配到##所包含的每一个英雄的名字）
    $patt ="/#(.*?)#/";                //拒绝贪婪匹配

    //开始匹配
    preg_match_all($patt, $str, $res);

    var_dump($res);
?>
```

这一次，我们在“ .*? ”的位置加上了括号，此时它的功效可不是提升运算优先级，毕竟只有中间这一次运算。这里它最主要的作用，还是子存储！能够把括号中匹配的内容另外存储，方便后续使用！看看图 11-22 你就明白了。

```
D:\wamp64\www\test\test.php:30:
array (size=2)
  0 =>
    array (size=5)
      0 => string '#钢铁侠#' (length=11)
      1 => string '#蜘蛛侠#' (length=11)
      2 => string '#美国队长#' (length=14)
      3 => string '#绿巨人#' (length=11)
      4 => string '#雷神#' (length=8)
  1 =>
    array (size=5)
      0 => string '钢铁侠' (length=9)
      1 => string '蜘蛛侠' (length=9)
      2 => string '美国队长' (length=12)
      3 => string '绿巨人' (length=9)
      4 => string '雷神' (length=6)
```

图 11-22

看这一次的匹配结果，在原来的第一个单元的下方，又出现了另外的一个单元。这个单元的内容和第一个单元的内容是非常相似的，只是少了两侧的 # 号，这就是子存储。是不是很简单？当然了，在实战应用当中，它也是很有用的，比如下面这个例子！

我们使用 file_get_contents() 跨域请求某网站的一个文章列表，并且获取其所有的文章标题，同样也会使用拒绝贪婪匹配及小括号，如图 11-23 所示：

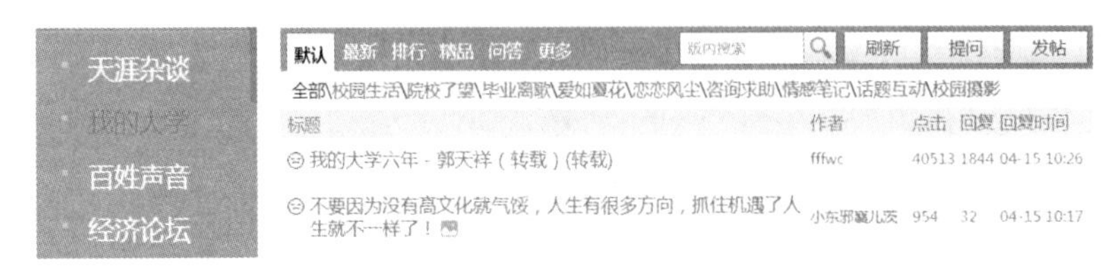

图 11-23

我们尝试获取【我的大学】这一个栏目的所有文章标题，为此，就一定得清晰地知道它的 HTML 源码是怎样的通过查看源码，可以看到它的 HTML 格式如图 11-24 所示。

```
<a href="/post-university-433833-1.shtml" target="_blank">
    我的大学六年 - 郭天祥（转载）(转载)
</a>
```

图 11-24

这里大飞哥建议大家多去看几个标题，确保其结构是一样的，这样一来，我们就可以准确无误地获取所有的信息了，如图 11-25 所示。

```
<a href="/post-university-1185309-1.shtml" target="_blank">
    不要因为没有高文化就气馁，人生有很多方向，抓住机遇了人生就不一样了！
</a>
```

图 11-25

可以清晰地看到，标题都是由 a 链接包含了标题，且 a 链接中只有 href 和 target 属性。这样一来，我们一定可以匹配到所有同样格式的标题内容，接下来就是书写代码了：

```php
<?php
    //1.跨域请求某网站文章列表（地址为我的大学栏目URL地址，此处不显示具体URL，防止纠纷）
    $str = file_get_contents("某网站URL");

    //2.定义匹配文章标题的正则模式
    $patt = '/<a href="\/.*?" target="_blank">(.*?)<\/a>/s';

    //3.开始匹配
    preg_match_all($patt, $str, $res);

    var_dump($res[1]);
?>
```

上述代码在正则模式写完之后，我还添加了一个“s”，它的作用是忽略匹配内容当中的换行符号，因为元字符点号是无法匹配到换行符“\n”的，因此只能使用模式修正符进行匹配后的修正。具体结果请参考如下案例，因为内容过多，这里只展示部分代码，如图 11-26 所示。

```
D:\wamp64\www\test\test.php:43:
array (size=80)
  0 => string '
                                        我的大学六年 - 郭天祥（转载）（转载）
' (length=67)
  1 => string '
                                        研究生马鹏日记《我的大学生活日记本》【陆
' (length=197)
  2 => string '
                                        不要因为没有高文化就气馁，人生有很多方向
' (length=183)
```

图 11-26

我们已经精确地匹配到了结果（标题前后的空格大家可以忽略），如果你还想把这些匹配结果放到数据库等介质中，也是完全没有问题的。这就是一个简单的爬虫程序了。怎么样，你学会了吗?

3. 重复使用模式单元

上一小节，我们了解了小括号的子存储功能，它非常有用。这一小节，我们再来学习小括号的另一个好用的功能——重复使用模式单元。

如下案例，我们准备了一个数组，存储了 4 个单元，我们要通过重复使用模式单元的技巧，从中将正确的日期格式匹配出来。

```
<?php
    //重复使用模式单元
    //1. 定义数组
    $date = array(
                "2019-05-24",
                "2019/05/24",
                "2019-05/24",
                "2019/05-24",
          );
    //2. 使用正则匹配出正确的日期格式
    $patt = '/\d{4}{-\/}\d{2}{-\/}\d{2}/';

    //3. 开始匹配
    $arr = preg_grep($patt, $date);

    //4. 打印结果
    var_dump($arr);
?>
```

上述案例得到的结果并不是我们想要的，因为它把所有的日期都匹配出来了，而我们只想要正确的日期格式，如 2019-05-24 和 2019/05/24，如图 11-27 所示。

```
D:\wamp64\www\test\test.php:58:
array (size=4)
  0 => string '2019-05-24' (length=10)
  1 => string '2019/05/24' (length=10)
  2 => string '2019-05/24' (length=10)
  3 => string '2019/05-24' (length=10)
```

图 11-27

出现这种情况的原因是，原子表中同时写上了横杠和斜杠，因此无论是出现横杠还是斜杠，都符合正则模式的要求，所以导致了这种结果！因此我们作出如下修改:

```
//重复使用模式单元
```

```
//1.定义数组
$date = array(
            "2019-05-24",
            "2019/05/24",
            "2019-05/24",
            "2019/05-24",
        );

//2.使用正则模式匹配出正确的日期格式
$patt = '/\d{4}([-\/])\d{2}\\1\d{2}/';

//3.开始匹配
$res = preg_grep($patt,$date);

var_dump($res);
```

再来查看一下打印结果，这次是我们想要的，如图 11-28 所示。

```
D:\wamp64\www\test\test.php:58:
array (size=2)
  0 => string '2019-05-24' (length=10)
  1 => string '2019/05/24' (length=10)
```

图 11-28

其实我们仅仅修改了两个地方：第一个是把前面的原子表用小括号括起来，然后把后面的原子表用“\\1”进行了替换，含义为重复使用前面第一个小括号括起来的正则模式。也就是说，前面若是“-”，后面也是“-”，前面如果是“/”，后面就也是“/”!

这里大家要自学一下 preg_grep() 的使用方法，否则可能无法了解案例的含义。

11.8.6 或符号

终于到了最后一个元字符——或符号，它类似于 PHP 逻辑运算符 || 。或符号只有一个竖杠，意思也是“或者”。通过如下案例，大家可以基本了解它的使用。

```
<?php
   //1. 定义字符源
   $str ="AppleOrange";

   //2. 定义正则模式
   $patt ="/Apple|Orange/";

   //3. 匹配结果
   preg_match_all($patt, $str, $res);

   //4. 打印结果
   var_dump($res);
?>
```

上述案例会在字符源当中寻找 Apple 或 Orange，而此时字符串正好两个都有，因此匹配结果如图 11-29 所示。

```
D:\wamp64\www\test\test.php:69:
array (size=1)
  0 =>
    array (size=2)
      0 => string 'Apple' (length=5)
      1 => string 'Orange' (length=6)
```

图 11-29

11.9 模式修正符

在本章的最后一小节中，我们来了解一下模式修正符的内容。其实我们在之前 10.8.5 的第 2 小标题的案例中已经使用过一个模式修正符了，那就是书写在正则模式右侧斜杠后面的“s”，它的功效是忽略匹配内容当中的换行符。因为当时我们使用“.*?”匹配了所有的标题，而点号又是无法匹配换行符的，因此使用模式修正符“s”可以修正匹配的内容。

模式修正符除了上述案例中使用过的“s”，最常用的还有“i”和“U”，分别是忽略大小写和拒绝贪婪匹配，均是为了我们调整匹配结果准备的。

首先我们看一下“i”的用法，它的含义是忽略大小写，也就是说，即便我们在正则模式中使用的是小写，匹配结果也可以涵盖所有符合条件的内容：

```
<?php
   //1. 模式修正符——i( 无视匹配内容的大小写 )
   $str ="abcdefgABCDEFG1234567!@#$%^&";

   //2. 定义正则模式
   $patt ="/[a-z]/i";

   //3. 开始匹配
   preg_match_all($patt, $str, $res);

   //4. 打印结果
   var_dump($res);
?>
```

可以看到，我们的字符源信息当中有大小写字母、阿拉伯数字和特殊符号，但正则模式中只匹配单个的 a 到 z 之间的小写字母，但在正则模式后面加上“i”，即可匹配大小写英文字母了。匹配结果如图 11-30 所示。

```
D:\wamp64\www\test\test.php:80:
array (size=1)
  0 =>
    array (size=14)
      0 => string 'a' (length=1)
      1 => string 'b' (length=1)
      2 => string 'c' (length=1)
      3 => string 'd' (length=1)
      4 => string 'e' (length=1)
      5 => string 'f' (length=1)
      6 => string 'g' (length=1)
      7 => string 'A' (length=1)
      8 => string 'B' (length=1)
      9 => string 'C' (length=1)
      10 => string 'D' (length=1)
      11 => string 'E' (length=1)
      12 => string 'F' (length=1)
      13 => string 'G' (length=1)
```

图 11-30

在最后一个案例中，我们把“i”“s”“U”配合使用：

```
<?php
    //1. 模式修正符——U(拒绝贪婪匹配)
    $str ="<LI>1.《复仇者联盟 4》马上就要上映了！！</LI>
            <LI>2.《雷霆沙赞》首日票房破亿！！</LI>
            <LI>3. 反转剧情神作《调音师》正在热映！！</LI>";

    //2. 定义正则模式
    $patt ="/<li>(.*?)<\/li>/isU";    //无视换行符，无视大小写，拒绝贪婪匹配

    //3. 开始匹配
    preg_match_all($patt, $str, $res);

    //4. 打印结果
    var_dump($res);
?>
```

字符源中有 3 个放在 li 标记中的新闻，li 的开始标记是大写的，且 3 个 li 是有换行的，我们可以配合使用 3 个模式修正符来匹配无视大小写的多行 li 标记，且在不书写“.*?”的情况下实现了拒绝贪婪匹配，同时我们也对匹配结果进行了子存储，匹配结果如图 11-31 所示。

```
D:\wamp64\www\test\test.php:94:
array (size=2)
  0 =>
    array (size=3)
      0 => string '<LI>1.《复仇者联盟4》马上就要上映了！！</li>' (length=60)
      1 => string '<LI>2.《雷霆沙赞》首日票房破亿！</li>' (length=50)
      2 => string '<LI>3.反转剧情神作《调音师》正在热映！</li>' (length=59)

  1 =>
    array (size=3)
      0 => string '1.《复仇者联盟4》马上就要上映了！！' (length=51)
      1 => string '2.《雷霆沙赞》首日票房破亿！' (length=41)
      2 => string '3.反转剧情神作《调音师》正在热映！' (length=50)
```

图 11-31

这正是我们想要的匹配结果！正则学到这里，你掌握得怎么样了呢？如果感觉还不错，那么你可以尝试下面这个案例了，算是对你学习正则的一个小结！记得，一定把案例搞明白，学习透彻！

这里，我们要练习一个使用正则动态修改配置文件的案例，类似于字符串章节中的留言板，但又不完全一样，毕竟正则也是字符串，只不过是一个比较特殊的字符串。因此，在这里我们就是要使用正则对一个文本的内容进行修改和替换。首先，我们准备一下需要进行修改的配置文件 config.php 的内容：

```
<?php
    //核心配置文件
    define('HOST', 'localhost');
    define('USER', 'root');
    define('PASS', '1234');
    define('DBNAME', 'hxsd');
    define('CHARSET', 'utf8');
    define('PORT', '3306');
?>
```

接下来需要准备一个表单，该表单可以读取 config.php 配置文件中的内容，并且可以对这些内容进行实时修改，表单代码如下：

```
<!DOCTYPE html>
<html>
   <head>
      <title>动态修改配置文件</title>
      <meta cahrset="utf-8"/>
   </head>
   <body>
      <center>
         <h2>动态修改配置文件</h2>
         <form action='editConfig.php' method='post'>
            <table border='1' width='300' cellpadding='8' cellspacing='0'>
               <tr>
                  <td align='right'>HOST：</td>
                  <td><input type='text' name='HOST' value='localhost' /></td>
               </tr>
               <tr>
                  <td align='right'>USER：</td>
                  <td><input type='text' name='HOST' value='root' /></td>
               </tr>
               <tr>
                  <td align='right'>PASS：</td>
                  <td><input type='text' name='HOST' value='1234' /></td>
               </tr>
               <tr>
                  <td align='right'>DBNAME：</td>
                  <td><input type='text' name='DBNAME' value='hxsd' /></td>
               </tr>
               <tr>
                  <td align='right'>CHARSET：</td>
                  <td><input type='text' name='CHARSET' value='utf8' /></td>
               </tr>
               <tr>
                  <td align='right'>PORT：</td>
                  <td><input type='text' name='PORT' value='3306' /></td>
               </tr>
               <tr align='center'>
                  <td colspan='2'>
                     <input type='submit' value='修改'/>
                     <input type='reset' value='重置'/>
                  </td>
               </tr>
            </table>
         </form>
      </center>
   </body>
</html>
```

虽然这样的代码已经可以实现如图 11-32 所示的效果，但这些代码都是固定的，并无法实现读取。

动态修改配置文件

HOST :	localhost
USER :	root
PASS :	1234
DBNAME :	hxsd
CHARSET :	utf8
PORT :	3306
修改 重置	

图 11-32

所以我们需要调整当前表单程序，在表单上方进行 config.php 配置信息的读取，并通过特殊操作，将配置中的信息放到表单中。修改代码如下：

```
<!DOCTYPE html>
<html>
   <head>
      <title>动态修改配置文件</title>
            <meta cahrset="utf-8"/>
   </head>
   <body>
      <center>
         <h2>动态修改配置文件</h2>
      <?php
         //1. 读取config.php中所有的配置，并存储到变量当中
         $config = file_get_content('config.php')

         //2. 使用正则模式匹配到配置中的名称和值信息
         preg_match_all("/ define\('(.*?)', '(.*?)'\);/" , $config , $res );
      ?>
         <form action='editConfig.php' method='post'>
         <table border='1' width='300' cellpadding='8' cellspacing='0'>
         <?php
         //3. 遍历匹配到的数组，并循环tr，将信息放置到每一行当中
         foreach($res[0] as $key=>$val){
      ?>
         <tr>
            <td align='right'><?= $res[1][$key] ?>：</td>
            <td><input type='text' name='<?= $res[1][$key] ?>' value='<?= $res[2][$key]
?>' /></td>
         </tr>
   <?php
      }
   ?>
         <tr align='center'>
            <td colspan='2'>
               <input type='submit' value='修改'/>
```

```
            <input type='reset' value='重置'/>
          </td>
        </tr>
      </table>
    </form>
  </center>
 </body>
</html>
```

这里请大家一定要注意，在使用 preg_match_all 匹配配置时，别忘了把 define 本身的括号使用“\”进行转义，否则你无法匹配到结果！如此一来，所有的配置就遍历到了 form 表单中，效果和刚才是一样的，如图 11-33 所示。

动态修改配置文件

HOST：	localhost
USER：	root
PASS：	1234
DBNAME：	hxsd
CHARSET：	utf8
PORT：	3306
修改 重置	

图 11-33

表单准备好以后，就可以去完成修改功能了。现在需要把用户修改后的配置提交到执行修改的程序中，并且通过该程序替换 config.php 中的旧配置，即可实现配置信息的实时修改，如图 11-34 所示。

动态修改配置文件

HOST：	localhost123
USER：	root123
PASS：	1234123
DBNAME：	hxsd123
CHARSET：	utf8123
PORT：	3306123
修改 重置	

图 11-34

我们给每一个配置添加了一个 123 的信息，并将信息提交到执行信息的页面 updateConfig.php，执行修改的文件代码如下：

```
<?php
    //执行配置信息修改

    //1.获取用户修改后的信息
    $data = $_POST;
```

```
    //2.读取config.php配置信息到变量
    $config = file_get_contents('./config.php');

    //3.遍历该数组，并执行配置信息替换
    foreach($data as $key=>$val){

    //4.替换完毕后，别忘了覆盖原来的信息
    $config = preg_replace("/define\('{$key}','.*?'\);/","define('{$key}','$val');", $config);
}

    //5.将修改后的信息覆盖写回config.php
    file_put_content('./config.php', $config);

    //6.提示修改成功信息
    echo"<script>
          alert('恭喜，修改成功！');
          window.location.href='editConfig.php';
       </script>";
?>
```

程序到这里就结束了，快去尝试一下吧！

第 12 章 错误日志和日期时间处理

学习 PHP 这么久，大家肯定没少遇到各种错误。带了这么多届学生，大飞哥发现，最需要解决的，是大家在遇到错误时的心态以及解决错误的方式。

当遇到错误时，你的心情可能是：焦虑、着急、火冒三丈。若把 PHP 比作一个人，那他也算是个耿直的人。因为他如果发现你犯了错误，从来不会有半点犹豫，绝对会在第一时间告诉你：你错了！哪里错了！为什么错了！如果你是一个聪明人，你会听从他的意见，并及时改正；但你若是质疑它、不信任它，最终吃亏的还是你自己！这正应了那句老话：良药苦口利于病，忠言逆耳利于行！

因此，当我们遇到 PHP 错误时，最重要的就是保持平和的心态，想办法去解决它！那么此时问题又来了，PHP 错误千千万，我哪知道哪里错了，为什么错，该怎么解决？

别着急，下面大飞哥就给大家分享几个非常实用的方法，帮你解决心头的疑问！

12.1 常见的 PHP 错误类型

在使用 PHP 时，你可能会遇到无数种错误，但归纳起来，无外乎以下 3 种：语法错误、运行时的错误，以及逻辑错误。在遇到错误时先进行分类，就能更好地排查和解决。

12.1.1 语法错误

如图 12-1 所示，也就是你的 PHP 语法写错了。比如在一行代码的结尾处没有写分号；写判断时少写了括号；循环时忘了加大括号，等等。这种错误最容易排除，因为 PHP 会直接告诉你报

```
( ! ) Parse error: syntax error, unexpected 'var_dump' (T_STRING) in
D:\wamp64\www\test\test.php on line 93
```

图 12-1

错的行数！对于这个错误，大飞哥不做过多的解释，如果这种问题都没有办法独立排除，那就说明你还是没有在失败中总结经验的习惯，该好好反省一下！

12.1.2 运行时错误

运行时的错误，也是比较常见的错误种类，通常是某个函数少加了参数，或者某个判断写错了条件，或是某个循环写成了死循环。这种错误一般也是比较直接的，PHP 会告诉我们报错行和报错原因，只要你稍微读一下报错信息，基本都可以解决。例如下面案例就是因为写错了变量名称而导致的问题，如图 12-2 所示。

```
<?php
    //准备一个成绩
    $score = 70;

    //判断成绩的区间
    if($score>=70 && $score<=80){
        echo"成绩一般般~，你该加油啦~~";
    }
?>
```

(!) Notice: Undefined variable: scroe in D:\wamp64\www\test\test.php on line 99				
Call Stack				
#	Time	Memory	Function	Location
1	0.0010	402400	{main}( )	...\test.php:0

图 12-2

12.1.3 逻辑错误

在 PHP 中最难解决的，应该就是写错代码逻辑导致的错误了。因为逻辑错误在某些情况下可能并不会报错，尤其是逻辑判断和循环条件的表达式位置，一旦书写不符合逻辑，就可能导致运行程序后得不到我们想要的结果。请看以下案例：

```
<?php
    //准备一个成绩
    $score = 70;

    //判断成绩的区间
    if($score<=70 && $score>=80){
        echo"这明显有问题，谁的成绩会既小于70又大于80？";
    }
?>
```

有同学可能会说，这个题和上面的题没啥区别啊？再仔细观察一下，你会发现，有谁的成绩能够同时小于 70 分大于 80 分？这不是开玩笑嘛，但是这种程序是不会报错的。如果你观察得不够仔细，很有可能找不到错误所在！因此，我们写程序一定要边写边测，及时发现问题！

12.2 三种方式解决问题

既然我们遇到了这些错误，那么调试程序就是我们的当务之急。在这里，大飞哥总结了3种常用的解决问题的方法，大家可以参考一下，也许会对你有帮助！

12.2.1 输出法调试

还是拿刚才的案例来说明，如果真的是逻辑错误，我们该如何判断哪里出错了呢？我们可以使用输出法，在分支语句当中随便输出一个内容，如果执行时没有输出该内容，则说明程序肯定是没有走到该分支语句中去执行，因此我们需要调整该分支语句的判断条件。

```
<?php
    //准备一个成绩
    $score = 70;

    //判断成绩的区间
    if($score<=70 && $score>=80){
        echo"要调试逻辑错误，可以在判断分支内部输出一些内容，并检查该内容是否正常输出";
    }

?>
```

12.2.2 代码中断法

有时候程序比较长，代码量比较多，如下所示：

```
<?php
    //六脉神剑

    //1. 连接数据库服务器，并判断是否成功
    $link = mysqli_connect('localhost','root','123');

    //2. 设置字符集
    mysqli_set_charset($link, 'utf8');

    //3. 选择数据库
    mysqli_select_db($link, 'test');

    //4. 定义SQL语句，并发送执行
    $sql ="select * from ceshi";
    $result = mysqli_query($link, $sql);

    echo"<table border='1' width='600'>";
        echo"<tr>";
            echo"<td>ID</td>";
```

```
            echo"<td>姓名</td>";
            echo"<td>性别</td>";
            echo"<td>年龄</td>";
            echo"<td>职位</td>";
            echo"<td>操作</td>";
        echo"</tr>";

    //5. 解析结果集
    if($result!=false && mysqli_num_rows($result)>0){
        //开始解析
        while($rows = mysqli_fetch_assoc($result)){
            ……
        }
    }
?>
```

此时我们无法准确预测错误出现在什么位置，为此可以通过代码中断法来逐步调试。如下所示，我们在得到第一个变量之后使用 die 命令终止程序：

```
<?php
    //六脉神剑

    //1. 连接数据库服务器，并判断是否成功
    $link = mysqli_connect('localhost','root','123');
    var_dump($link);
    die;

    //2. 设置字符集
    mysqli_set_charset($link, 'utf8');

    //3. 选择数据库
    mysqli_select_db($link, 'test');

    //4. 定义SQL语句，并发送执行
    $sql ="select * from ceshi";
    $result = mysqli_query($link, $sql);

    echo"<table border='1' width='600'>";
        echo"<tr>";
            echo"<td>ID</td>";
            echo"<td>姓名</td>";
            echo"<td>性别</td>";
            echo"<td>年龄</td>";
            echo"<td>职位</td>";
            echo"<td>操作</td>";
        echo"</tr>";

    //5. 解析结果集
    if($result!=false && mysqli_num_rows($result)>0){
        //开始解析
        while($rows = mysqli_fetch_assoc($result)){
```

```
            ......
        }
    }

?>
```

这样一来，die 命令后方的代码均不再执行。我们还可以打印变量进行测试，看看是否能够得到想要的结果！若此变量没问题，可以使用这种方法继续判断后方的变量内容，直至发现问题所在。

12.2.3 注释调试法

这一种方法和上一种方法类似。如果说上一种方法是中断调试，那么这种方法就是把可能有问题的方法全部注释出来，在逐步放开，直至发现问题所在，如下所示：

```
<?php
    //六脉神剑

    //1. 连接数据库服务器，并判断是否成功
    $link = mysqli_connect('localhost','root','123');
    var_dump($link);

    //2. 设置字符集
    //mysqli_set_charset($link, 'utf8');

    //3. 选择数据库
    //mysqli_select_db($link, 'test');

    //4. 定义SQL语句，并发送执行
    //$sql ="select * from ceshi";
    //$result = mysqli_query($link, $sql);

    //echo"<table border='1' width='600'>";
        //echo"<tr>";
            //echo"<td>ID</td>";
            //echo"<td>姓名</td>";
            //echo"<td>性别</td>";
            //echo"<td>年龄</td>";
            //echo"<td>职位</td>";
            //echo"<td>操作</td>";
        //echo"</tr>";

    //5. 解析结果集
    //if($result!=false && mysqli_num_rows($result)>0){
        //开始解析
        //while($rows = mysqli_fetch_assoc($result)){
            //......
        //}
    //}

?>
```

12.3 PHP 中的错误级别

在本小节，我们将了解到 PHP 开发中会遇到的几种常见错误类型。知己知彼，方能百战不殆！足够了解你的“敌人”，你才能变得强大！

12.3.1 E_Notice 级别

其实通过读英文单词，我们大概也可以知道，这其实就是一个 Notice 提示，严格来说，它不属于错误，但同样是我们开发过程中遇到的最多的问题。因此，这里需要给大家普及一下 Notice 错误的报错风格与特点。

```
<?php
    //打印一个不存在的变量
    var_dump($a);
?>
```

当打印一个不存在的变量时，我们就会得到一个 Notice 错误，如图 12-3 所示。

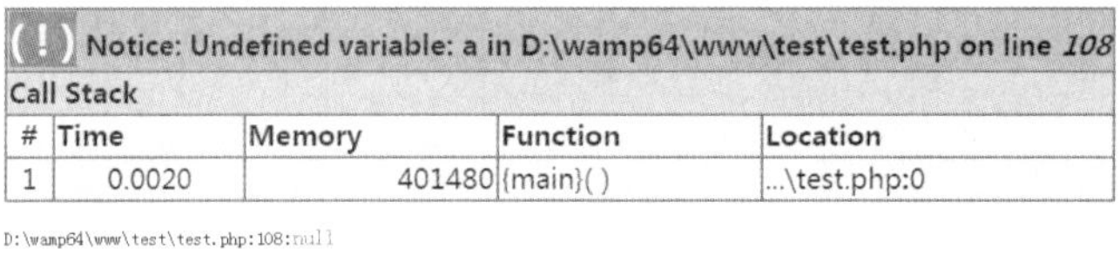

(!) Notice: Undefined variable: a in D:\wamp64\www\test\test.php on line *108*				
Call Stack				
#	Time	Memory	Function	Location
1	0.0020	401480	{main}( )	...\test.php:0

D:\wamp64\www\test\test.php:108:null

图 12-3

Notice 错误告诉我们：在 test.php 的第 108 行使用了一个未定义的变量 a。虽然上面提示了这个错误，但是下面却显示了 null，这说明 Notice 级别的错误不会终止 PHP 脚本的执行。虽然变量不存在，却仍然打印出了一个 null（空信息）。

因此，Notice 级别的错误，就好像是我们的左手擦破了一点皮而已，还是可以玩游戏、发短信，等等。

12.3.2 E_Warning 级别

Warning，顾名思义，就是警告的意思，遇到这种级别的错误我们就得注意了。它是相对严重的错误，可能会影响 PHP 脚本的执行，如下所示：

```
<?php
    //不打印任何变量
    var_dump();
?>
```

var_dump 要求我们至少打印一个变量，可是我们没有放任何变量进去，这个时候程序就会提示一个 Warning 级别的错误，如图 12-4 所示。

(!) Warning: Wrong parameter count for var_dump() in D:\wamp64\www\test\test.php on line 111				
Call Stack				
#	Time	Memory	Function	Location
1	0.0020	401480	{main}( )	...\test.php:0
2	0.0020	401480	var_dump ( )	...\test.php:111

图 12-4

错误告诉我们：在test.php的第111行遇到了一个问题，var_dump没有给定正确数量的参数，因此报错了。仔细观察就会发现，这里并没有像 Notice 错误一样给我们打印出一个 Null 信息，这就意味着，报错行没有执行！

因此，Warning 级别的错误，就好像是我们的左手骨折，没法使用了，但我们的右手依然可以正常使用！也就是说，除了报错行，其他位置依然可以继续执行！

12.3.3 E_Error 级别

最后就是 Error 级别的错误了，这种错误最严重，会影响脚本的执行，如下所示：

```
<?php
    //使用了一个并不存在的函数
    var_dump1();
?>
```

在这里，我们使用了一个未定义的函数 var_dump1()，同时我们也没有传递任何参数进去，这个时候问题就严重了，程序会终止执行（该函数后方的代码也不再执行）并且提示如图 12-5 所示的错误：

(!) Fatal error: Uncaught Error: Call to undefined function var_dump1() in D:\wamp64\www\test\test.php on line 114				
(!) Error: Call to undefined function var_dump1() in D:\wamp64\www\test\test.php on line 114				
Call Stack				
#	Time	Memory	Function	Location
1	0.0020	401480	{main}( )	...\test.php:0

图 12-5

通过查看错误，我们首先会发现它提示了一个 Fatal error，翻译过来就是“致命的错误”。既然都已经致命了，那肯定意味着程序生命的终结！后续的程序也不再执行了。

因此，Error 级别的错误就好比是脑袋掉了，这可是致命的！因为程序从此以后就不能再做任何事儿了。PHP 一旦报了致命错误，报错行以后的代码一概不再执行，但是报错行以前的代码依然会执行。

12.3.4 E_All 级别

E_All 代表了所有级别的错误！它只是一个用于标识的关键字，我们在后续会用到它，因此先不做详细介绍！

12.4 控制 PHP 报错

我们知道，只要程序一报错，就会把报错文件的名称、行号、原因等信息显示出来，因此我们只允许报错信息在开发阶段和调试阶段出现！一旦项目上线，就不能再提示这些错误了！那么问题来了，我们应该如何控制这些错误的提示呢？该如何不让它们在网页当中提示呢？

这个时候，就得问 PHP 了，毕竟它是掌控全局的角色。在这里，我们要调试的是 PHP 配置文件，也就是 php.ini 文件！

12.4.1 PHP 配置文件

在本书的一开始就对 PHP 配置文件做过简单的介绍，只不过当时没有细说，只是告诉了大家它的位置是 wamp 64 → bin → apache → apache2.4.37 → bin → php.ini，如图 12-6 所示，你找到了吗？有同学可能会问，咦？为什么它没在 php 文件夹，而是在 apache 文件夹呢？这里要给大家强调一下，php.ini 有两个文件，另一个在 wamp → bin → php → php7.2.14 → php.ini。

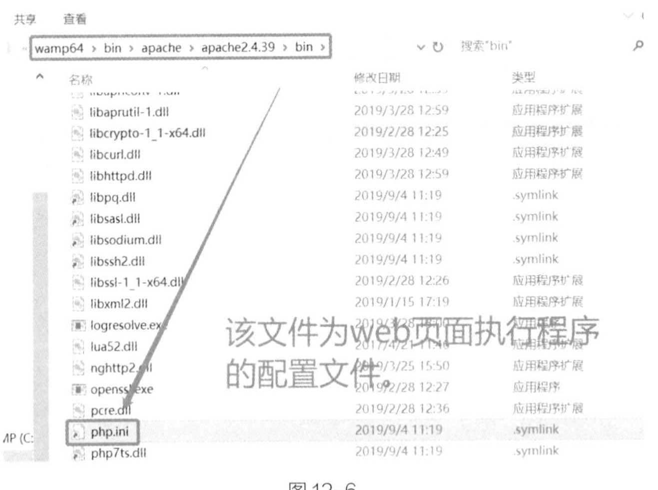

图 12-6

为什么会有两个文件呢，原因是：一个文件服务于网页，而另一个服务于 Commend Line，也就是命令行，如图12-7所示。大家要知道，在Windows 系统之前，计算机使用的是DOS系统。如果要在 DOS 系统当中运行 PHP 程序所使用的 php 配置文件，就会使用 php 文件夹当中的 php.ini 配置文件！

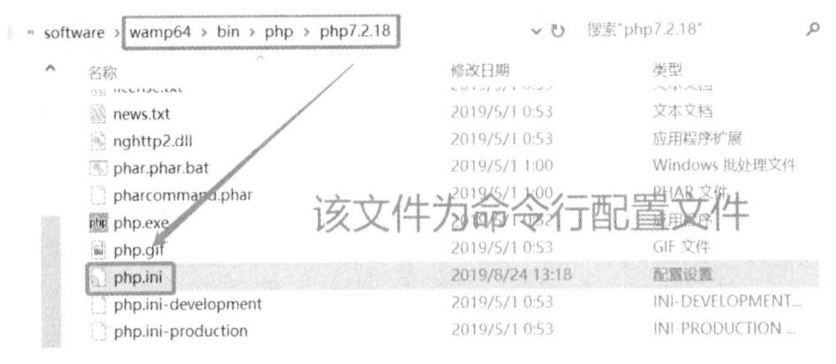

图 12-7

尽管如此，我们仍然使用 Web 浏览器访问 php 文件，因此，我们应当编辑的文件应该是 apache 目录下的 php.ini 文件，这下你清楚了吗?

那么怎样调整 php.ini 配置文件，才能让错误不再出现在浏览器中呢? 你只需要搜索一个设置: display_errors = On。将 On 修改为 Off 之后，再重启 WAMP 服务器即可。但这种设置方式比较直接，将会终止所有的报错信息。

另外一种方式，就是在 php.ini 中搜索: error_reporting = E_ALL。上面的小节介绍过 E_ALL 的含义，它代表了所有的错误和提示。因此，我们可以设置为: error_reporting = E_ALL &~ E_NOTICE。在这个设置中，& 代表“并且”，~ 代表“除了”，意思就是设置浏览器报错级别为所有的错误和提示，但是除了 E_NOTICE 级别的错误。设置完毕后，重启服务即可实现浏览器不再提示 Notice 级别错误。E_WARNING 和 E_ERROR 级别的错误同理。你学会了吗?

12.4.2 当前脚本

当然，我们并不是在所有情况下都有修改配置文件的权限，尤其是进入企业之后，更是如此。那我们想要实现对页面显示错误信息的调试，该怎么办? 别急，这里也是有方法的。我们可以在 php 脚本中设置页面级的报错信息，如下所示:

```
<?php
   //1. 打印一个不存在的变量
   var_dump($a);

   //2. 不打印任何变量
   var_dump();

   //3. 使用了一个未定义的函数
   var_dump1();
?>
```

我们拿刚才的 3 个报错案例来测试，以上的 3 个打印信息正好提示了 3 种级别的错误，如图 12-8、图 12-9 和图 12-10 所示。

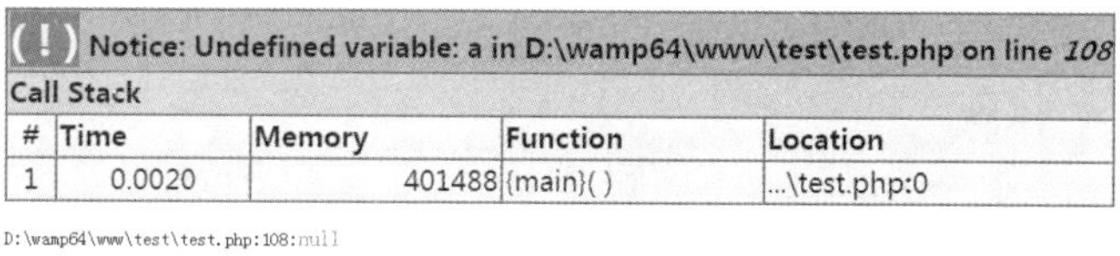

(!) Notice: Undefined variable: a in D:\wamp64\www\test\test.php on line *108*				
Call Stack				
#	Time	Memory	Function	Location
1	0.0020	401488	{main}( )	...\test.php:0

D:\wamp64\www\test\test.php:108:null

图 12-8

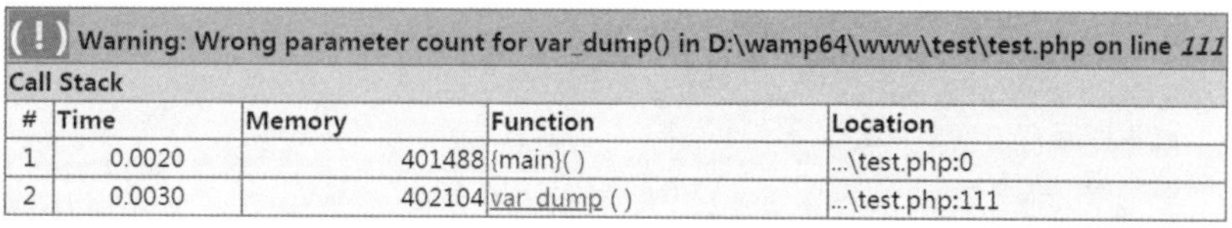

(!) Warning: Wrong parameter count for var_dump() in D:\wamp64\www\test\test.php on line *111*				
Call Stack				
#	Time	Memory	Function	Location
1	0.0020	401488	{main}( )	...\test.php:0
2	0.0030	402104	var_dump ( )	...\test.php:111

图 12-9

(!) Fatal error: Uncaught Error: Call to undefined function var_dump1() in D:\wamp64\www\test\test.php on line 114				
(!) Error: Call to undefined function var_dump1() in D:\wamp64\www\test\test.php on line 114				
Call Stack				
#	Time	Memory	Function	Location
1	0.0020	401488	{main}( )	...\test.php:0

图 12-10

我们一个错误一个错误地关闭，同时查看页面的错误显示情况，以此进行对比。首先，我们在代码最上方添加设置代码，关闭 E_NOTICE 级别的错误，代码如下：

```
<?php
    //关闭当前页面Notice级别的错误提示
    error_reporting(E_ALL &~ E_NOTICE)

    //1. 打印一个不存在的变量
    var_dump($a);

    //2. 不打印任何变量
    var_dump();

    //3. 使用了一个未定义的函数
    var_dump1();
?>
```

关闭之后，页面显示效果如图 12-11 和图 12-12 所示。

D:\wamp64\www\test\test.php:111:null

(!) Warning: Wrong parameter count for var_dump() in D:\wamp64\www\test\test.php on line 114				
Call Stack				
#	Time	Memory	Function	Location
1	0.0010	401496	{main}( )	...\test.php:0
2	0.0010	401904	var_dump ( )	...\test.php:114

图 12-11

(!) Fatal error: Uncaught Error: Call to undefined function var_dump1() in D:\wamp64\www\test\test.php on line 117				
(!) Error: Call to undefined function var_dump1() in D:\wamp64\www\test\test.php on line 117				
Call Stack				
#	Time	Memory	Function	Location
1	0.0010	401496	{main}( )	...\test.php:0

图 12-12

可以看到，页面此时已经不再提示 Notice 级别的错误了！

接下来，我们把 Warning 级别的错误也关闭，继续完善刚才的 error_reporting() 函数内容即可：

```
<?php
    //关闭当前页面Notice级别的错误提示
    error_reporting(E_ALL &~ E_NOTICE &~ E_WARNING)
```

```
    //1. 打印一个不存在的变量
    var_dump($a);

    //2. 不打印任何变量
    var_dump();

    //3. 使用了一个未定义的函数
    var_dump1();
?>
```

此时，页面又少了一个错误，那就是 Warning 级别的错误，如图 12-13 所示。

D:\wamp64\www\test\test.php:111:null

(!) Fatal error: Uncaught Error: Call to undefined function var_dump1() in D:\wamp64\www\test\test.php on line 117				
(!) Error: Call to undefined function var_dump1() in D:\wamp64\www\test\test.php on line 117				
Call Stack				
#	Time	Memory	Function	Location
1	0.0010	401496	{main}( )	...\test.php:0

图 12-13

此时，我相信你已经知道如何关闭 E_ERROR 级别的错误了。没错，继续完善函数就行了，如下所示：

```
<?php
    //关闭当前页面Notice级别的错误提示
    error_reporting(E_ALL &~ E_NOTICE &~ E_WARNING &~ E_ERROR)

    //1. 打印一个不存在的变量
    var_dump($a);

    //2. 不打印任何变量
    var_dump();

    //3. 使用了一个未定义的函数
    var_dump1();
?>
```

设置完毕后保存，页面就没有任何报错了。

12.4.3 在脚本中配置 php.ini 其他配置项

既然说到了这里，就给大家补充一点关于php.ini的小知识。其实，除了在php.ini里进行修改，我们还可以在 PHP 的任何一个脚本中对其进行设置和读取操作。但是这里大家要注意，在 PHP 脚本当中设置的选项只作用于当前脚本。也就是说，它并不是全局的！这点你一定要搞清楚哦！

举个例子，如果我们只想要在当前脚本设置 display_errors 关闭报错显示，那我们就可以使用 ini_set() 函数对其进行设置，如下所示：

```
<?php
    // 在当前脚本设置php.ini配置项
    ini_set('display_errors', 'off');

    //1. 打印一个不存在的变量
    var_dump($a);

    //2. 不打印任何变量
    var_dump();

    //3. 使用了一个未定义的函数
    var_dump1();
?>
```

这样一来，页面中的所有的错误均不再显示！其他任何 php.ini 的配置都可以使用这种方式进行设置。

获取 php.ini 当前设置的方式就更简单啦，PHP 也给我们预留了函数，大家可以直接打印 ini_get_all() 函数，它会把当前所有 php.ini 配置显示出来，如图 12-14 所示。

```
D:\wamp64\www\test\test.php:121:
array (size=310)
  'allow_url_fopen' =>
    array (size=3)
      'global_value' => string '1' (length=1)
      'local_value' => string '1' (length=1)


      'access' => int 4
  'allow_url_include' =>
    array (size=3)
      'global_value' => string '' (length=0)
      'local_value' => string '' (length=0)
      'access' => int 4
  'arg_separator.input' =>
    array (size=3)
      'global_value' => string '&' (length=1)
      'local_value' => string '&' (length=1)
      'access' => int 6
  'arg_separator.output' =>
    array (size=3)
      'global_value' => string '&' (length=1)
      'local_value' => string '&' (length=1)
      'access' => int 7
  'assert.active' =>
```

图 12-14

上例只解决了一部分 php.ini 的配置信息，大家可以发现，它是一个数组，都是设置名称对应一个具有 3 个单元的数组。刚才我们所配置的 display_errors 的配置项，我们以它为例，如图 12-15 所示。

```
'display_errors' =>
  array (size=3)
    'global_value' => string '1' (length=1)
    'local_value' => string 'off' (length=3)
    'access' => int 7
```

图 12-15

配置的名称为: display_errors，它的第一个选项 global_value 的值为 1，意为开启。通过名字大家应该也可以知道，它代表的就是全局设置的值，其实也就是 php.ini 配置文件中的目前的值；而 local_value 的结果就不一样了，local_value 代表了本地的值，我们刚才把当前脚本的 display_errors 的值设置成了 off，因此这里显示的也是 off（这里要注意，设置成 off 或 on 与设置成 0 或 1 是一样的含义）。

其他的设置，大飞哥在这里就不过多介绍了，等我们真正用到的时候，再给大家详细讲解。

12.5 日志处理

在这一小节，大飞哥要与大家分享 PHP 日志处理的知识。就像轮船有航海日志，飞机有黑匣子，PHP 也有用于做记录的日志，这个日志就是 php_error.log，它的位置为：wamp → logs → php_error.log。

既然是日志，那肯定就是做记录用的，它专门记录我们在网页中遇到的一些程序错误，这也就和我们上一节讲到的内容呼应上了。上一节我们说了关闭报错，很多同学就问了，那我们还怎么调试 bug 呀？这一节就可以解决你的疑问啦！错误日志就是专门记录网页中所有的错误的！通过它，我们一样可以调试 bug。

错误日志记录的开启与关闭

我们一般不会关闭错误日志的记录，但还是有必要向大家说明。PHP 错误日志的开启与关闭，仍然是在 php.ini 中配置。搜索 log_errors = On，将 On 修改为 Off，即可关闭日志的记录。若你想调整错误日志的存储位置，可以搜索 error_log = 'D:/wamp/logs/php_error.log'。这个位置是非常灵活的，要根据你的 wamp 安装目录来定。错误日志处理常用函数如表 12-1 所示。

表 12-1　错误日志处理常用函数

函数名	描述
error_reporting	设置应该报告何种 PHP 错误
ini_set	为一个配置选项设置值
ini_get_all	获取所有配置选项
ini_get	获取一个配置选项的值

12.6 日期时间

时间是一个永恒的主题，在任何一门语言当中都是必不可少的，PHP 当然也不例外。学习日期时间，首先就应当了解时间戳的概念！

时间戳是指格林尼治时间 1970 年 01 月 01 日 00 时 00 分 00 秒（北京时间 1970 年 01 月 01 日 08 时 00 分 00 秒）起至现在的总秒数。

在 PHP 中，时间戳其实就是由一个整数组成的数字。例如 0，代表的就是格林尼治时间的 1970 年 1 月 1 日 0 时 0 分 0 秒，PHP 中获取系统时间戳的函数是 time()。同时，我们可以使用 date() 函数将时间戳转换成常见的日期时间格式，如下所示。

```
<?php
    //1. 获取系统时间戳
    $time = time();

    //2. 将系统时间戳转换成日期
    $date = date("Y年m月d日 H时i分s秒", $time);

    //3. 输出日期信息
    echo $date;
?>
```

在页面中输出的结果如图 12-16 所示。

2019年04月16日 02时26分24秒

图 12-16

这里大家注意，大飞哥当前电脑的时间并不是凌晨 2 时 26 分，而是 10 时 26 分，这中间相差了 8 个小时，而且我相信，你也遇到这个问题了，其原因就是 PHP 默认采用的时区是 UTC，也就是格林尼治时间，而我们所在的时区为 PRC，因此，我们需要进行修改与调整。

调整 PHP 时区有两种办法：一种是在 php.ini 配置文件中搜索 date.timezone = ' UTC '，并将 UTC 修改为 PRC；另一种就是在当前脚本设置函数 date_defaulot_timezone_set（ ' PRC ' ）。无论采用哪种方式，均可以实现 PHP 时区的切换，如下例所示。

```
<?php
    //设置当前系统时区
    date_default_timezone_set("PRC");

    //1.获取系统时间戳
    $time = time();

    //2.将系统时间戳转换成日期
    $date = date("Y年m月d日 H时i分s秒", $time);

    //3.输出日期信息
    echo $date;
?>
```

修改完毕后，再次查看输出的时间，已经改为了我们本地的时间，如图 12-17 所示。

2019年04月16日 11时09分38秒

图 12-17

当前 PHP 系统时区，可以使用 date_defaulot_timezone_get() 方法获取。

12.6.1 时区

时区想必大家都不会陌生，从上述案例中已经可以看出时区的不同会导致显示时间的不同。那么究竟 PHP 中有多少可用的时区信息呢？我们可以通过 PHP 手册找到答案，如图 12-18 所示。

所支持的时区列表

Table of Contents

- 非洲
- 美洲
- 南极洲
- 北极
- 亚洲
- 大西洋
- 澳洲
- 欧洲
- 印度
- 太平洋地区
- 其他

图 12-18

根据你所在的地区，可以选择不同的时区，例如我们就打开【亚洲】，随即可以看到有非常多的可选时区，其中就可以找到我们认识的一些城市，例如上海。当对于时区，大家了解这些也就足够了。

12.6.2 日期函数

关于日期时间函数还有其他常用的函数，我们先准备一个表格出来，以备不时之需，见表 12-2！

表 12-2　常用函数

函数名	描述
time	返回当前 Unix 时间戳
date	格式化一个本地时间 / 日期
localtime	取得本地时间
microtime	返回当前 Unix 时间戳和微妙数
mktime	取得一个日期的 Unix 时间戳
strtotime	将任何字符串的日期时间描述解析为 Unix 时间戳

12.6.3 万年历

上述函数的详细功能，就不再详细解释了，我们直接用其中的函数，来完成一个万年历的功能，相信你对它们的记忆会更加深刻！

要想完成一个万年历的功能，首先需要了解一下 Windows 系统的日历，发现其中的规律，请观察图 12-19。

图 12-19

通过观察可以发现，Windows 系统的万年历是由 7 行 7 列的表格构成，并且第一行就是周日至周一的文本，我们就先把这个表头完成，代码如下：

```
<?php
    //实现万年历

    //居中万年历
    echo"<center>";

        //输出标题
        echo"<h2>万年历</h2>";

        //输出表格
        echo"<table border='1' width='500'>";
            echo"<tr>";
                echo"<th>日</th>";
                echo"<th>一</th>";
                echo"<th>二</th>";
                echo"<th>三</th>";
                echo"<th>四</th>";
                echo"<th>五</th>";
                echo"<th>六</th>";
            echo"</tr>";
        echo"</table>";
    echo"</center>";
?>
```

在页面中访问我们刚刚写完的这个案例，效果如图 12-20 所示。

万年历

日	一	二	三	四	五	六

图 12-20

表头完成了，接下来要完善下面的日期信息，这个是万年历程序的难点，也是重点，因此大飞哥会详细地讲解每一行代码的含义及用途。

再回到 Windows 日历去观察，这次我们多观察几个月份，如图 12-21 所示。

图 12-21

图中呈现的是 2019 年 4 月、5 月和 6 月的信息，仔细观察每个月的第一天：4 月的第一天是周一，5 月的第一天是周三，6 月的第一天是周六。不难发现，当前月的第一天是周几，它的前方就会有几个空白日期，因此我们要想一个办法获取当前月第一天是周几，看下面的代码：

```
<?php
   //实现万年历

   //获取日期前的空格（当前月的第一天是周几）
   //1.首先我们需要准备当前月第一天的时间戳
   $time = mktime(0,0,0,date('m'),1,date('Y'));

   //2.然后，我们要根据这个时间戳获取当前月第一天是周几
   $first = date('w', $time);

   //居中万年历
   echo"<center>";

      //输出标题
      echo"<h2>万年历</h2>";

      //输出表格
      echo"<table border='1' width='500'>";
         echo"<tr>";
            echo"<th>日</th>";
            echo"<th>一</th>";
            echo"<th>二</th>";
            echo"<th>三</th>";
            echo"<th>四</th>";
            echo"<th>五</th>";
            echo"<th>六</th>";
         echo"</tr>";
      echo"</table>";
   echo"</center>";
?>
```

建议大家多测试几个月的第一天，看看是不是正确。值得注意的是，mktime() 函数和 date() 函数中 'w' 参数的含义，大家需要翻看手册！ mktime() 生成了当月第一天 1 月 1 号的时间戳，同时通过 date() 函数传递 'w' 参数来获取该时间戳是周几即可。

有了万年历前方的空表格，接下来就是万年历后方的表格啦，也就是当前月的天数，同样我们需要通过 date() 函数来获取，请看如下代码：

```
<?php
   //实现万年历

   //获取日期前的空格（当前月的第一天是周几）
   //1.首先我们需要准备当前月第一天的时间戳
   $time = mktime(0,0,0,date('m'),1,date('Y'));

   //2.然后，我们要根据这个时间戳获取当前月第一天是周几
   $first = date('w', $time);
```

```
    //3.接下来，获取当前月的天数(空格后方的日期信息)
    $days = date('t', $time);

    //居中万年历
    echo"<center>";

        //输出标题
        echo"<h2>万年历</h2>";

        //输出表格
    echo"<table border='1' width='500'>";
            echo"<tr>";
            echo"<th>日</th>";
            echo"<th>一</th>";
            echo"<th>二</th>";
            echo"<th>三</th>";
            echo"<th>四</th>";
            echo"<th>五</th>";
            echo"<th>六</th>";
            echo"</tr>";
        echo"</table>";
    echo"</center>";
?>
```

这个就比较简单了，只要你足够了解 date() 函数的参数含义，就能够毫不费力地写出来。那么接下来要做的，就是把最后的空格准备好，这个是最简单的。刚才我们说了，表格是 7 行 7 列，一共有 49 个单元格，减去 7 个表头单元格，还剩下 42 个单元格，再减去我们刚才计算出来的空白单元格和日期单元格，不就是剩下的单元格了嘛，请看如下代码：

```
<?php
    //实现万年历

    //获取日期前的空格(当前月的第一天是周几)
    //1.首先我们需要准备当前月第一天的时间戳
    $time = mktime(0,0,0,date('m'),1,date('Y'));

    //2.然后，我们要根据这个时间戳获取当前月第一天是周几
    $first = date('w', $time);

    //3.接下来，获取当前月的天数(空格后方的日期信息)
    $days = date('t', $time);

    //4.最后，计算日期后的空单元格
    $last = 42 - $first - $days;

    //居中万年历
    echo"<center>";

        //输出标题
        echo"<h2>万年历</h2>";
```

```
        //输出表格
        echo"<table border='1' width='500'>";
            echo"<tr>";
                echo"<th>日</th>";
                echo"<th>一</th>";
                echo"<th>二</th>";
                echo"<th>三</th>";
                echo"<th>四</th>";
                echo"<th>五</th>";
                echo"<th>六</th>";
            echo"</tr>";
        echo"</table>";
        echo"</center>";
?>
```

好了，准备工作完成了。下面就可以将这些单元格循环到表头下面了。首先，我们要循环空白单元格，如下所示：

```
<?php
    //实现万年历

    //获取日期前的空格（当前月的第一天是周几）
    //1.首先我们需要准备当前月第一天的时间戳
    $time = mktime(0,0,0,date('m'),1,date('Y'));

    //2.然后，我们要根据这个时间戳获取当前月第一天是周几
    $first = date('w', $time);

    //3.接下来，获取当前月的天数（空格后方的日期信息）
    $days = date('t', $time);

    //4.最后，计算日期后的空单元格
    $last = 42 - $first - $days;

    //居中万年历
    echo"<center>";

        //输出标题
        echo"<h2>万年历</h2>";

        //输出表格
        echo"<table border='1' width='500'>";
            echo"<tr>";
                echo"<th>日</th>";
                echo"<th>一</th>";
                echo"<th>二</th>";
                echo"<th>三</th>";
                echo"<th>四</th>";
                echo"<th>五</th>";
                echo"<th>六</th>";
            echo"</tr>";
```

```
            echo"<tr>";
                //首先循环前方的空白单元格
                for($i=1; $i<=$first; $i++){
                    echo"<td> </td>";
                }
            exho"</tr>";
        echo"</table>";
    echo"</center>";
?>
```

这样一来，前排的空白单元格就搞定了，效果如图12-22所示。

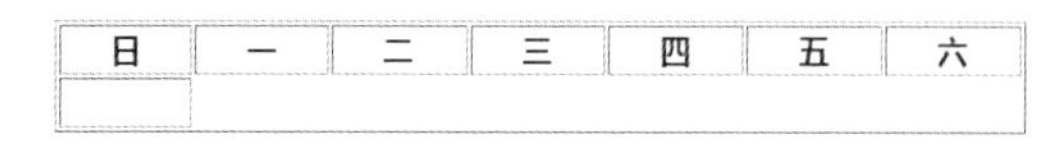

图12-22

接下来，我们要循环后面的日期了，代码如下：

```
<?php
    //实现万年历

    //获取日期前的空格（当前月的第一天是周几）
    //1.首先我们需要准备当前月第一天的时间戳
    $time = mktime(0,0,0,date('m'),1,date('Y'));

    //2.然后，我们要根据这个时间戳获取当前月第一天是周几
    $first = date('w', $time);

    //3.接下来，获取当前月的天数（空格后方的日期信息）
    $days = date('t', $time);

    //4.最后，计算日期后的空单元格
    $last = 42 - $first - $days;

    //居中万年历
    echo"<center>";

        //输出标题
        echo"<h2>万年历</h2>";

        //输出表格
        echo"<table border='1' width='500'>";
            echo"<tr>";
                echo"<th>日</th>";
                echo"<th>一</th>";
                echo"<th>二</th>";
                echo"<th>三</th>";
                echo"<th>四</th>";
                echo"<th>五</th>";
                echo"<th>六</th>";
```

```
            echo"</tr>";
            echo"<tr>";
                //首先循环前方的空白单元格
                for($i=1; $i<=$first; $i++){
                    echo"<td> </td>";
                }

                //然后循环日期单元格
                for($j=1; $j<=$days; $j++){
    echo"<td>{$j}</td>";
}
            exho"</tr>";
        echo"</table>";
    echo"</center>";
?>
```

效果如图 12-23 所示。

万年历

日	一	二	三	四	五	六																								
	1	2	3	4	5	6	7	8	9	10	11	12	13	14	15	16	17	18	19	20	21	22	23	24	25	26	27	28	29	30

图 12-23

这回不少同学要问大飞哥了：你这写的是啥，都没换行呀？这个不急，我们最后再完善换行，且先看大飞哥把所有的单元格循环出来。下面我们要来循环最后的空白单元格了：

```
<?php
    //实现万年历

    //获取日期前的空格(当前月的第一天是周几)
    //1.首先我们需要准备当前月第一天的时间戳
    $time = mktime(0,0,0,date('m'),1,date('Y'));

    //2.然后，我们要根据这个时间戳获取当前月第一天是周几
    $first = date('w', $time);

    //3.接下来，获取当前月的天数(空格后方的日期信息)
    $days = date('t', $time);

    //4.最后，计算日期后的空单元格
    $last = 42 - $first - $days;

    //居中万年历
    echo"<center>";

        //输出标题
        echo"<h2>万年历</h2>";

        //输出表格
        echo"<table border='1' width='500'>";
```

```
            echo"<tr>";
                echo"<th>日</th>";
                echo"<th>一</th>";
                echo"<th>二</th>";
                echo"<th>三</th>";
                echo"<th>四</th>";
                echo"<th>五</th>";
                echo"<th>六</th>";
            echo"</tr>";
            echo"<tr>";
                //首先循环前方的空白单元格
                for($i=1; $i<=$first; $i++){
                    echo"<td> </td>";
                }

                //然后循环日期单元格
                for($j=1; $j<=$days; $j++){
    echo"<td>{$j}</td>";
}

//最后循环空白单元格
for($k=1; $k<=$last; $k++){
    echo"<td>&mbsp;</td>";
}
            exho"</tr>";
        echo"</table>";
    echo"</center>";
?>
```

完成后的效果如图 12-24 所示。

万年历

日	一	二	三	四	五	六																																			
	1	2	3	4	5	6	7	8	9	10	11	12	13	14	15	16	17	18	19	20	21	22	23	24	25	26	27	28	29	30											

图 12-24

接下来，我们就可以来实现换行的功能了。大家都知道，所有的空白单元格和日期单元格加在一起，是 42 个单元格，每 7 个单元格换一行，因此需要一个用来计数的变量，将所有循环的数量加在一起，并且在循环中判断该计数变量是否达到了 7 的倍数。若达到了，进行换行即可，请看代码：

```
<?php
    //实现万年历

    //获取日期前的空格（当前月的第一天是周几）
    //1.首先我们需要准备当前月第一天的时间戳
    $time = mktime(0,0,0,date('m'),1,date('Y'));

    //2.然后，我们要根据这个时间戳获取当前月第一天是周几
    $first = date('w', $time);
```

```
//3.接下来，获取当前月的天数（空格后方的日期信息）
$days = date('t', $time);

//4.最后，计算日期后的空单元格
$last = 42 - $first - $days;

//居中万年历
echo"<center>";

    //输出标题
    echo"<h2>万年历</h2>";

    //输出表格
    echo"<table border='1' width='500'>";
        echo"<tr>";
            echo"<th>日</th>";
            echo"<th>一</th>";
            echo"<th>二</th>";
            echo"<th>三</th>";
            echo"<th>四</th>";
            echo"<th>五</th>";
            echo"<th>六</th>";
        echo"</tr>";

        //定义用来计数的变量
        $num = 0;

        echo"<tr>";
            //首先循环前方的空白单元格
            for($i=1; $i<=$first; $i++){

                //递增并判断是否是7的倍数
                $num += 1;
                echo"<td> </td>";

                if($num%7==0){
                    echo"</tr><tr>";
                }
            }

            //然后循环日期单元格
            for($j=1; $j<=$days; $j++){

                //递增并判断是否是7的倍数
                $num += 1;
                echo"<td>{$j}</td>";

                if($num%7==0){
                    echo"</tr><tr>";
                }
            }
```

```
                //最后循环空白单元格
                for($k=1; $k<=$last; $k++){

                    //递增并判断是否是7的倍数
                    $num += 1;
                    echo"<td>&mbsp;</td>";

                  if($num%7==0){
                    echo"</tr><tr>";
                  }
                }
            exho"</tr>";
        echo"</table>";
    echo"</center>";
?>
```

此时，有同学又有问题了：大飞哥，这是啥意思？其实大飞哥这里是在判断完计数变量之后，给表格添加了 </tr> 用以换行，但是光添加 </tr> 还不够，我们还得输出 <tr> 以继续下一行，你明白了吗？最终的效果如图 12-25 所示。

万年历

日	一	二	三	四	五	六
	1	2	3	4	5	6
7	8	9	10	11	12	13
14	15	16	17	18	19	20
21	22	23	24	25	26	27
28	29	30				

图 12-25

现在，我们就得到当前月份的日历了。如果想要实现切换月份和年份该怎么办呢？这就涉及获取表单传递信息的知识点了！首先给用户准备两个下拉菜单，分别是年份和月份：

```
<?php
    //实现万年历

    //获取日期前的空格(当前月的第一天是周几)
    //1.首先我们需要准备当前月第一天的时间戳
    $time = mktime(0,0,0,date('m'),1,date('Y'));

    //2.然后，我们要根据这个时间戳获取当前月第一天是周几
    $first = date('w', $time);

    //3.接下来，获取当前月的天数(空格后方的日期信息)
    $days = date('t', $time);

    //4.最后，计算日期后的空单元格
    $last = 42 - $first - $days;

    //居中万年历
```

```
echo"<center>";

    //输出标题
    echo"<h2>万年历</h2>";

    //准备用于提交信息的表单
    echo"<form action='./calendar.php' method='get'>";
        echo"年份：<select name='year'>";

            //循环测试年份
            for($y=2000; $y<=2037; $y++){
                echo"<option value='{$y}'>{$y} 年</option>";
            }
        echo"</select>";
        echo"月份：<select name='month'>";

            //循环测试月份
            for($m=1; $m<=12; $m++){
                echo"<option value='{$m}'>{$m} 月</option>";
            }
        echo"</select>";

        echo"<input type='submit' value='查询'/>";
    echo"</form>";

    //输出表格
    echo"<table border='1' width='500'>";
        echo"<tr>";
            echo"<th>日</th>";
            echo"<th>一</th>";
            echo"<th>二</th>";
            echo"<th>三</th>";
            echo"<th>四</th>";
            echo"<th>五</th>";
            echo"<th>六</th>";
        echo"</tr>";

        //定义用来计数的变量
        $num = 0;

        echo"<tr>";
            //首先循环前方的空白单元格
            for($i=1; $i<=$first; $i++){

                //递增并判断是否是7的倍数
                $num += 1;
                echo"<td> </td>";

                if($num%7==0){
                    echo"</tr><tr>";
                }
```

```
            }

            //然后循环日期单元格
            for($j=1; $j<=$days; $j++){

                //递增并判断是否是7的倍数
                $num += 1;
                echo"<td>{$j}</td>";

                if($num%7==0){
                    echo"</tr><tr>";
                }
            }

            //最后循环空白单元格
            for($k=1; $k<=$last; $k++){

                //递增并判断是否是7的倍数
                $num += 1;
                echo"<td>&mbsp;</td>";

                if($num%7==0){
                echo"</tr><tr>";
            }
        }
    exho"</tr>";
  echo"</table>";
  echo"</center>";
?>
```

我们在表格上方输出了一个 form 表单，并循环了年份和月份，效果如图 12-26 所示。

万年历

年份：2000 年 ▾ 月份：1 月 ▾ 查询

日	一	二	三	四	五	六
	1	2	3	4	5	6
7	8	9	10	11	12	13
14	15	16	17	18	19	20
21	22	23	24	25	26	27
28	29	30				

图 12-26

现在，只需要让用户去选择哪一年哪一月的日历就可以啦。仔细观察上述代码，表单中年份的名字是 year，月份的名字是 month，用户查询时提交到当前文件的年份和月份就用这两个名字来接收即可，代码如下：

```
<?php
    //实现万年历

    //获取日期前的空格（当前月的第一天是周几）
```

```
//1.首先我们需要准备当前月第一天的时间戳
$time = mktime(0,0,0,date('m'),1,date('Y'));

//2.然后，我们要根据这个时间戳获取当前月第一天是周几
$first = date('w', $time);

//3.接下来，获取当前月的天数（空格后方的日期信息）
$days = date('t', $time);

//4.最后，计算日期后的空单元格
$last = 42 - $first - $days;

//居中万年历
echo"<center>";

   //接收用户提交的年份和月份
   $year = $_GET['year'] ?? date('Y');
   $month = $_GET['month'] ?? date('m');

   //输出标题
   echo"<h2>{$year} 年 {$month} 月</h2>";

   //准备用于提交信息的表单
   echo"<form action='./calendar.php' method='get'>";
      echo"年份:<select name='year'>";

         //循环测试年份
         for($y=2000; $y<=2037; $y++){
            echo"<option value='{$y}'>{$y} 年</option>";
         }
      echo"</select>";
      echo"月份:<select name='month'>";

         //循环测试月份
         for($m=1; $m<=12; $m++){
            echo"<option value='{$m}'>{$m} 月</option>";
         }
      echo"</select>";

      echo"<input type='submit' value='查询'/>";
   echo"</form>";

   //输出表格
   echo"<table border='1' width='500'>";
      echo"<tr>";
         echo"<th>日</th>";
         echo"<th>一</th>";
         echo"<th>二</th>";
         echo"<th>三</th>";
         echo"<th>四</th>";
         echo"<th>五</th>";
```

```
            echo"<th>六</th>";
        echo"</tr>";

        //定义用来计数的变量
        $num = 0;

        echo"<tr>";
            //首先循环前方的空白单元格
            for($i=1; $i<=$first; $i++){

                //递增并判断是否是7的倍数
                $num += 1;
                echo"<td> </td>";

                if($num%7==0){
                    echo"</tr><tr>";
                }
            }

            //然后循环日期单元格
            for($j=1; $j<=$days; $j++){

                //递增并判断是否是7的倍数
                $num += 1;
                echo"<td>{$j}</td>";

                if($num%7==0){
                    echo"</tr><tr>";
                }
            }

            //最后循环空白单元格
            for($k=1; $k<=$last; $k++){

                //递增并判断是否是7的倍数
                $num += 1;
                echo"<td>&mbsp;</td>";

                if($num%7==0){
                    echo"</tr><tr>";
                }
            }
        exho"</tr>";
    echo"</table>";
  echo"</center>";
?>
```

这里，我们把表格的标题修改了一下，变成了用户提交的年份和月份。两个问号的含义代表：若用户没有提交年份和月份的信息，则默认使用当前系统年份和月份信息，避免程序报错！最后，我们还需要把一开始生成时间戳的地方修改成用户提交过来的年份与月份。

```
<?php
    //实现万年历

    //获取日期前的空格（当前月的第一天是周几）

    //接收用户提交的年份和月份
    $year = $_GET['year'] ?? date('Y');
    $month = $_GET['month'] ?? date('m');

    //1.首先我们需要准备当前月第一天的时间戳
    $time = mktime(0,0,0,$month,1,$year);

    //2.然后，我们要根据这个时间戳获取当前月第一天是周几
    $first = date('w', $time);

    //3.接下来，获取当前月的天数（空格后方的日期信息）
    $days = date('t', $time);

    //4.最后，计算日期后的空单元格
    $last = 42 - $first - $days;

    //居中万年历
    echo"<center>";

        //输出标题
        echo"<h2>{$year} 年 {$month} 月</h2>";

        //准备用于提交信息的表单
        echo"<form action='./calendar.php' method='get'>";
            echo"年份:<select name='year'>";

                //循环测试年份
                for($y=2000; $y<=2037; $y++){
                    echo"<option value='{$y}'>{$y} 年</option>";
                }
            echo"</select>";
            echo"月份:<select name='month'>";

                //循环测试月份
                for($m=1; $m<=12; $m++){
                    echo"<option value='{$m}'>{$m} 月</option>";
                }
            echo"</select>";

            echo"<input type='submit' value='查询'/>";
        echo"</form>";

        //输出表格
        echo"<table border='1' width='500'>";
            echo"<tr>";
                echo"<th>日</th>";
```

```
            echo"<th>一</th>";
            echo"<th>二</th>";
            echo"<th>三</th>";
            echo"<th>四</th>";
            echo"<th>五</th>";
            echo"<th>六</th>";
        echo"</tr>";

        //定义用来计数的变量
        $num = 0;

        echo"<tr>";
            //首先循环前方的空白单元格
            for($i=1; $i<=$first; $i++){

                //递增并判断是否是7的倍数
                $num += 1;
                echo"<td> </td>";

                if($num%7==0){
                    echo"</tr><tr>";
                }
            }

            //然后循环日期单元格
            for($j=1; $j<=$days; $j++){

                //递增并判断是否是7的倍数
                $num += 1;
                echo"<td>{$j}</td>";

                if($num%7==0){
                    echo"</tr><tr>";
                }
            }

            //最后循环空白单元格
            for($k=1; $k<=$last; $k++){

                //递增并判断是否是7的倍数
                $num += 1;
                echo"<td>&mbsp;</td>";

                if($num%7==0){
                    echo"</tr><tr>";
                }
            }
        exho"</tr>";
    echo"</table>";
  echo"</center>";
?>
```

测试结果如图 12-27 所示。

2019年9月

年份：2000 年 ▾ 月份：1 月 ▾ 查询

日	一	二	三	四	五	六
1	2	3	4	5	6	7
8	9	10	11	12	13	14
15	16	17	18	19	20	21
22	23	24	25	26	27	28
29	30					

图 12-27

最后，用户搜索了年份月份之后，下拉菜单应该固定在指定年月才对，因此在循环年份与月份当中需要再次加入判断，如下所示：

```
<?php
    //实现万年历

    //获取日期前的空格（当前月的第一天是周几）

    //接收用户提交的年份和月份
    $year = $_GET['year'] ?? date('Y');
    $month = $_GET['month'] ?? date('m');

    //1.首先我们需要准备当前月第一天的时间戳
    $time = mktime(0,0,0,$month,1,$year);

    //2.然后，我们要根据这个时间戳获取当前月第一天是周几
    $first = date('w', $time);

    //3.接下来，获取当前月的天数（空格后方的日期信息）
    $days = date('t', $time);

    //4.最后，计算日期后的空单元格
    $last = 42 - $first - $days;

    //居中万年历
    echo"<center>";

        //输出标题
        echo"<h2>{$year} 年 {$month} 月</h2>";

        //准备用于提交信息的表单
        echo"<form action='./calendar.php' method='get'>";
            echo"年份:<select name='year'>";

                //循环测试年份
                for($y=2000; $y<=2037; $y++){

                    //判断是否为当前用户搜索的年份
```

```
            if($y==$year){
                echo"<option selected value='{$y}'>{$y} 年</option>";
            }else{
                echo"<option value='{$y}'>{$y} 年</option>";
            }
        }
    echo"</select>";
    echo"月份：<select name='month'>";

        //循环测试月份
        for($m=1; $m<=12; $m++){

            //判断是否为当前用户搜索的月份
            if($m==$month){
                echo"<option selected value='{$m}'>{$m} 月</option>";
            }else{
                echo"<option value='{$m}'>{$m} 月</option>";
            }
        }
    echo"</select>";

    echo"<input type='submit' value='查询'/>";
echo"</form>";

//输出表格
echo"<table border='1' width='500'>";
    echo"<tr>";
        echo"<th>日</th>";
        echo"<th>一</th>";
        echo"<th>二</th>";
        echo"<th>三</th>";
        echo"<th>四</th>";
        echo"<th>五</th>";
        echo"<th>六</th>";
    echo"</tr>";

    //定义用来计数的变量
    $num = 0;

    echo"<tr>";
        //首先循环前方的空白单元格
        for($i=1; $i<=$first; $i++){

            //递增并判断是否是7的倍数
            $num += 1;
            echo"<td> </td>";

            if($num%7==0){
                echo"</tr><tr>";
            }
        }
```

```
            //然后循环日期单元格
            for($j=1; $j<=$days; $j++){

                //递增并判断是否是7的倍数
                $num += 1;
                echo"<td>{$j}</td>";

                if($num%7==0){
            echo"</tr><tr>";
        }
    }

    //最后循环空白单元格
    for($k=1; $k<=$last; $k++){

        //递增并判断是否是7的倍数
        $num += 1;
        echo"<td>&mbsp;</td>";

            if($num%7==0){
                echo"</tr><tr>";
            }
        }
    exho"</tr>";
  echo"</table>";
  echo"</center>";
?>
```

万年历到这里就算是大功告成啦！怎么样，你学会了吗？

第 13 章 文件系统

这一章，我们来学习 PHP 文件系统。其实，PHP 也是可以操作 Windows 操作系统中的文件的，神奇吧！当然，除了 Windows，Linux 和 macOS 操作系统也是可以被操作的！下面就让我们快来学习吧！

13.1 文件是什么

大家可能会觉得可笑：大飞哥，你这不是逗我们么，我们还不知道文件是什么？Windows 当中的文件太多了，有时候我都找不到自己的文件放哪里！大家先别急，大飞哥这里问的问题是：文件的定义是什么？所有文件都是为了干一件事儿，那就是存储信息。同样是存储信息，文件和变量是不同的。PHP 中的变量只能在当前脚本生效，当脚本执行完毕，变量就会自动销毁。而文件，是可以持久化存储信息的介质！这就是大家需要掌握的核心！

文件分为不同格式，例如：.txt、.doc、.ppt、.exe、.php、.jpg、.gif、.png、.avi、.mp4、.rmvb，等等，它们用来存储不同类型的文件。但 PHP 最终操作的文件类型只有 3 种，那就是：文件、目录和未知。

13.2 文件类型

在 PHP 中，文件只有 3 种类型：目录（directory）、文件（file）和未知（unknown）。

Linux 系统中的文件类型有 7 种：block、char、dir、fifo、file、link 和 unknown。Windows 系统预留这么多种文件的类型，其最主要的目的就是让我们便于区分：想看电影，就直接搜索 .mp4、.rmvb 等格式的文件；想听音乐，就搜索 .mp3 类型的文件；想要看书就搜索 .txt 文本。虽然如此，但无论是什么类型的文件，在 PHP 中我们都统称它们为 file（文件）。

文件操作的相关函数如表 13-1 所示。

表 13-1

函数名	描述
filetype	取得文件类型
is_dir	判断给定文件名是否是一个目录
is_file	判断给定文件名是否为一个正常的文件
is_readable	判断给定文件名是否可读
is_writable	判断给定的文件名是否可写
is_executable	判断给定的文件名是否可执行
file_exists	检查文件或目录是否存在
filesize	取得文件大小
filectime	取得文件的创建时间
fileatime	取得文件的上次访问时间
filemtime	取得文件的修改时间
file_get_contents	将整个文件读入一个字符串
file_put_contents	将一个字符串写入文件
basename	返回路径中的文件名部分
dirname	返回路径中的目录部分
pathinfo	返回文件路径的大部分信息

这些函数都是 PHP 操作文件最常用的函数，大家务必通过查阅手册等方式去掌握。在后续案例中，我们也会抽取其中的部分来使用。下面是目录操作函数，如表 13-2 所示。

表 13-2　目录操作函数

函数名	描述
opendir	打开目录句柄
readdir	从目录句柄中读取条目
closedir	关闭目录句柄
copy	拷贝（复制）文件
mkdir	新建目录
rmdir	删除目录
unlink	删除文件
rename	重命名一个文件或目录

13.3　目录遍历

在本小节，我们要通过上述几个函数来遍历目录。我们先要准备一个用于遍历的目录，在这里，我们用 ./images 目录作为操作对象，在里面放上一些图片，如图 13-1 所示。

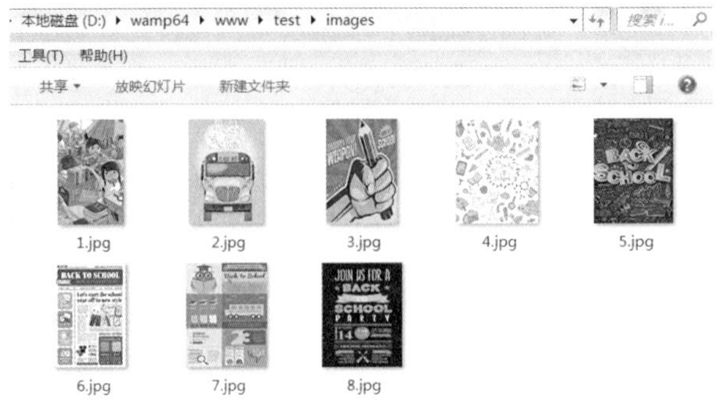

图 13-1

images 当中一共有 8 张图片，我们可以通过如下程序，在 PHP 中读取它们：

```
<?php
   //php读取windows目录的程序

   //1. 定义要读取的目录
   $path ="./images";

   //2. 打开目录，获取资源
   $resource = opendir($path);

   //3. 遍历读取目录中的文件
   while($file = readdir($resource)){
   var_dump($file);
}

   //4. 关闭目录
   closedir($resource);
?>
```

读取结果如图 13-2 所示。

```
D:\wamp64\www\test\Path\imgList.php:14:string '.' (length=1)
D:\wamp64\www\test\Path\imgList.php:14:string '..' (length=2)
D:\wamp64\www\test\Path\imgList.php:14:string '1.jpg' (length=5)
D:\wamp64\www\test\Path\imgList.php:14:string '2.jpg' (length=5)
D:\wamp64\www\test\Path\imgList.php:14:string '3.jpg' (length=5)
D:\wamp64\www\test\Path\imgList.php:14:string '4.jpg' (length=5)
D:\wamp64\www\test\Path\imgList.php:14:string '5.jpg' (length=5)
D:\wamp64\www\test\Path\imgList.php:14:string '6.jpg' (length=5)
D:\wamp64\www\test\Path\imgList.php:14:string '7.jpg' (length=5)
D:\wamp64\www\test\Path\imgList.php:14:string '8.jpg' (length=5)
```

图 13-2

大家会发现，在文件列表中，前两条信息是“.”和“..”，这是因为每一个目录中都包含了两个隐藏的路径，那就是“.”和“..”。正因如此，我们在 PHP 中书写文件路径时需要添加“./”或“../”，只是目前我们不需要使用这两个文件，因此需要把它们过滤掉，代码如下：

```
<?php
    //php读取windows目录的程序

    //1. 定义要读取的目录
    $path ="./images";

    //2. 打开目录，获取资源
    $resource = opendir($path);

    //3. 遍历读取目录中的文件
    while($file = readdir($resource)){

        //4.过滤"."和".."
        if($file='.' || $file=='..'){
            continue;
        }
        var_dump($file);
    }

    //4. 关闭目录
    closedir($resource);
?>
```

完善之后的输出结果，就只有文件名称了，如图 13-3 所示。

```
D:\wamp64\www\test\Path\imgList.php:19:string '1.jpg' (length=5)
D:\wamp64\www\test\Path\imgList.php:19:string '2.jpg' (length=5)
D:\wamp64\www\test\Path\imgList.php:19:string '3.jpg' (length=5)
D:\wamp64\www\test\Path\imgList.php:19:string '4.jpg' (length=5)
D:\wamp64\www\test\Path\imgList.php:19:string '5.jpg' (length=5)
D:\wamp64\www\test\Path\imgList.php:19:string '6.jpg' (length=5)
D:\wamp64\www\test\Path\imgList.php:19:string '7.jpg' (length=5)
D:\wamp64\www\test\Path\imgList.php:19:string '8.jpg' (length=5)
```

图 13-3

接下来，我们就可以把这些图片放到一个表格中，并且清晰地列出每张图片的详细信息。接着完善代码：

```
<?php
    //php读取windows目录的程序

    //1. 定义要读取的目录
    $path ="./images";

    //2. 打开目录，获取资源
    $resource = opendir($path);

    //3.准备存放信息的表格
    echo"<center>";
    echo"<h2>图片管理系统</h2>";
    echo"<table border='1' width='1000' cellpadding='5' cellspacing='0'>";
```

```
        echo"<tr>";
            echo"<th>文件名</th>";
            echo"<th>文件类型</th>";
            echo"<th>文件大小</th>";
            echo"<th>创建时间</th>";
            echo"<th>修改时间</th>";
            echo"<th>访问时间</th>";
            echo"<th>是否可读</th>";
            echo"<th>是否可写</th>";
            echo"<th>是否可执行</th>";
        exho"</tr>";

    //3. 遍历读取目录中的文件
    while($file = readdir($resource)){

        //4.过滤"."和".."
        if($file='.' || $file=='..'){
            continue;
        }
    echo"<tr>";
        echo"<td>".$file."</td>";
        echo"<td>".filetype("./images/{$file}")."</td>";
        echo"<td>".filesize("./images/{$file}")."</td>";
        echo"<td>".filectime("./images/{$file}")."</td>";
        echo"<td>".filemtime("./images/{$file}")."</td>";
        echo"<td>".fileatime("./images/{$file}")."</td>";
        echo"<td>".is_readable("./images/{$file}")."</td>";
        echo"<td>".is_writable("./images/{$file}")."</td>";
        echo"<td>".is_executable("./images/{$file}")."</td>";
    echo"</tr>";
}

    echo"</table>";
    echo"</center>";

    //4. 关闭目录
    closedir($resource);
?>
```

通过这个小案例，我们顺便把操作文件的函数也看一下，上面案例的执行效果如图 13-4 所示。

图片管理系统

文件名	文件类型	文件大小	创建时间	修改时间	访问时间	是否可读	是否可写	是否可执行
1.jpg	file	213064	1555912824	1446111218	1555912824	1	1	
2.jpg	file	82525	1555912824	1446110524	1555912824	1	1	
3.jpg	file	78411	1555912824	1446110700	1555912824	1	1	
4.jpg	file	58919	1555912824	1446111464	1555912824	1	1	
5.jpg	file	103447	1555912824	1446111106	1555912824	1	1	
6.jpg	file	33519	1555912824	1446116926	1555912824	1	1	
7.jpg	file	96102	1555912824	1446110704	1555912824	1	1	
8.jpg	file	116151	1555912824	1446111086	1555912824	1	1	

图 13-4

大家会发现，里面的信息虽然都全了，但是信息的格式却不尽如人意。文件大小的信息应该用“KB”或“MB”更好；而关于时间的信息，应该修改成常见的日期格式，而不是时间戳；是否可读、可写、可执行，应该换成“是”与“否”。为此，我再做如下修改：

```
<?php
  //php读取windows目录的程序

  //1. 定义要读取的目录
  $path ="./images";

  //2. 打开目录，获取资源
  $resource = opendir($path);

  //3.准备存放信息的表格
  echo"<center>";
  echo"<h2>图片管理系统</h2>";
  echo"<table border='1' width='1000' cellpadding='5' cellspacing='0'>";
    echo"<tr>";
      echo"<th>文件名</th>";
      echo"<th>文件类型</th>";
      echo"<th>文件大小</th>";
      echo"<th>创建时间</th>";
      echo"<th>修改时间</th>";
      echo"<th>访问时间</th>";
      echo"<th>是否可读</th>";
      echo"<th>是否可写</th>";
      echo"<th>是否可执行</th>";
    exho"</tr>";

  //3. 遍历读取目录中的文件
  while($file = readdir($resource)){

    //4.过滤"."和".."
    if($file='.' || $file=='..'){
      continue;
    }
  echo"<tr>";
    echo"<td>".$file."</td>";
    echo"<td>".filetype("./images/{$file}")."</td>";
    echo"<td>".(round(filesize("./images/{$file}")/1024,2))."</td>";
    echo"<td>".date("Y-m-d H:i:s",filectime("./images/{$file}"))."</td>";
    echo"<td>".date("Y-m-d H:i:s",filemtime("./images/{$file}"))."</td>";
    echo"<td>".date("Y-m-d H:i:s",fileatime("./images/{$file}"))."</td>";
    echo"<td>".(is_readable("./images/{$file}")==1 ? '是' : '否')."</td>";
    echo"<td>".(is_writable("./images/{$file}")==1 ? '是' : '否')."</td>";
    echo"<td>".(is_executable("./images/{$file}")==1 ? '是' : '否')."</td>";
  echo"</tr>";
}

  echo"</table>";
```

```
    echo"</center>";

    //4. 关闭目录
    closedir($resource);
?>
```

修改之后的效果如图 13-5 所示。

图片管理系统

文件名	文件类型	文件大小	创建时间	修改时间	访问时间	是否可读	是否可写	是否可执行
1.jpg	file	208.07 kb	2019-04-22 06:00:24	2015-10-29 09:33:38	2019-04-22 06:00:24	是	是	否
2.jpg	file	80.59 kb	2019-04-22 06:00:24	2015-10-29 09:22:04	2019-04-22 06:00:24	是	是	否
3.jpg	file	76.57 kb	2019-04-22 06:00:24	2015-10-29 09:25:00	2019-04-22 06:00:24	是	是	否
4.jpg	file	57.54 kb	2019-04-22 06:00:24	2015-10-29 09:37:44	2019-04-22 06:00:24	是	是	否
5.jpg	file	101.02 kb	2019-04-22 06:00:24	2015-10-29 09:31:46	2019-04-22 06:00:24	是	是	否
6.jpg	file	32.73 kb	2019-04-22 06:00:24	2015-10-29 11:08:46	2019-04-22 06:00:24	是	是	否
7.jpg	file	93.85 kb	2019-04-22 06:00:24	2015-10-29 09:25:04	2019-04-22 06:00:24	是	是	否
8.jpg	file	113.43 kb	2019-04-22 06:00:24	2015-10-29 09:31:26	2019-04-22 06:00:24	是	是	否

图 13-5

简易文件管理系统大功告成！如果还想把图片的缩略图也展示出来，那么只需要给表格加一个缩略图字段就可以了，如图 13-6 所示。

图片管理系统

文件名	文件类型	文件大小	创建时间	修改时间	访问时间	是否可读	是否可写	是否可执行	缩略图
1.jpg	file	208.07 kb	2019-04-22 06:00:24	2015-10-29 09:33:38	2019-04-22 06:00:24	是	是	否	
2.jpg	file	80.59 kb	2019-04-22 06:00:24	2015-10-29 09:22:04	2019-04-22 06:00:24	是	是	否	
3.jpg	file	76.57 kb	2019-04-22 06:00:24	2015-10-29 09:25:00	2019-04-22 06:00:24	是	是	否	
4.jpg	file	57.54 kb	2019-04-22 06:00:24	2015-10-29 09:37:44	2019-04-22 06:00:24	是	是	否	
5.jpg	file	101.02 kb	2019-04-22 06:00:24	2015-10-29 09:31:46	2019-04-22 06:00:24	是	是	否	
6.jpg	file	32.73 kb	2019-04-22 06:00:24	2015-10-29 11:08:46	2019-04-22 06:00:24	是	是	否	
7.jpg	file	93.85 kb	2019-04-22 06:00:24	2015-10-29 09:25:04	2019-04-22 06:00:24	是	是	否	
8.jpg	file	113.43 kb	2019-04-22 06:00:24	2015-10-29 09:31:26	2019-04-22 06:00:24	是	是	否	

图 13-6

13.4 相对路径与绝对路径

在上面的小案例中，相信大家也发现“.”和“..”的问题了，其实这就是 Windows 系统中的路径了。Windows 系统中的路径分为两种：分别是相对路径和绝对路径。我们最常用的是相对路径，

也就是 ./wamp/www/test/test.php 这种，它是相对于当前目录来查找某个文件；而绝对路径的形式类似于 D:/wamp/www/test/test.php，也就是通过根盘符来查找某个文件，这种用法相对较少。当然，绝对路径还有另外一个含义，大飞哥在这里先暂时不和大家讲，我们在写项目的时候自然会用到。

通过 12.3 节的案例，我们已经对目录与文件操作有了初步的认识，下面我们通过几个程序，来加深对文件与目录操作的理解，主要围绕：统计目录大小、删除目录与复制目录几个模块展开。

13.5 统计目录大小

其实这个功能在 Windows 系统中已经预置了，我们在任何一个目录上右键单击并查看属性，就可以知道一个文件或目录的大小，如图 13-7 所示。

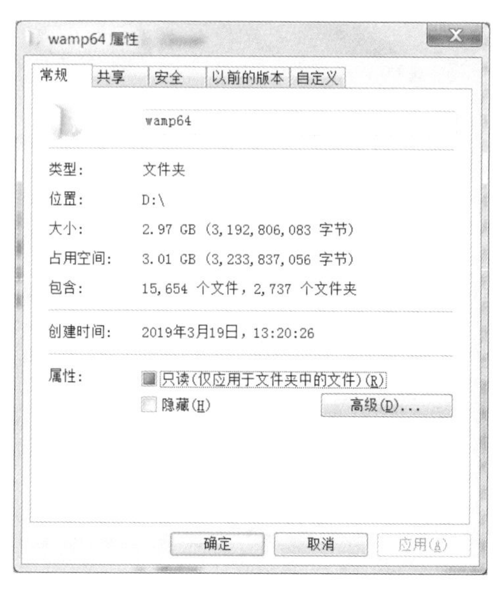

图 13-7

虽然如此，我们还是需要通过 PHP 来实现相同的效果，毕竟，我们将来要通过 PHP 控制与操作文件。下面，我们先来实现一级目录大小的统计，以 images 目录为例，如图 13-8 所示。

图 13-8

目前，目录中只有 8 张图片，统计大小的代码如下：

```
<?php
   //统计 images 目录的大小

   //1. 定义目录
   $path ="./images";

   //2. 打开目录
   $resource = opendir($path);

   //3. 定义统计大小的变量
   $total = 0;

   //4. 处理目录路径（方便后续操作）
   $path = rtrim($path, '/').'/';

   //5. 读取目录
   while($file = readdir($resource)){

      //6. 过滤"."和".."
      if($file='.' || $file=='..'){
         continue;
      }

      //7.判断是否为一个文件
      if(is_file($path.$file)){

      //8.大小追加
      $total += filesize($path.$file);
   }

   //9.输出大小
   echo $total.'kb';

   //10.关闭目录
   closedir($resource);
   }
?>
```

访问该程序，浏览器将输出如图 13-9 所示的结果。

782138kb

图 13-9

这说明我们的统计是没有问题的，可以对比一下图 13-10。

这里大家要注意，虽然现在完成了统计，但是也只是一级目录的内容大小统计。如果在这个 images 一级目录中再去创建上级、下级子目录，我们应该怎么统计呢？例如，此时我们在 images 目录中又创建了一个新目录，并且也放进去了 8 张图片（还是刚才的 8 张图片），如图 13-11 所示。

图 13-10

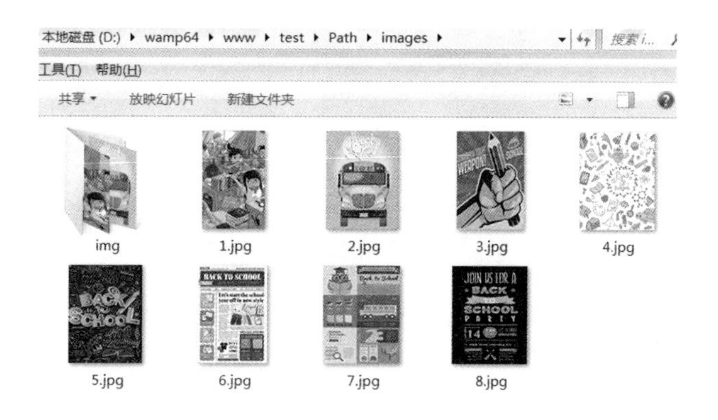

图 13-11

这样一来，再执行刚才的程序，答案就不对了，查看一下，如图 13-12 所示。

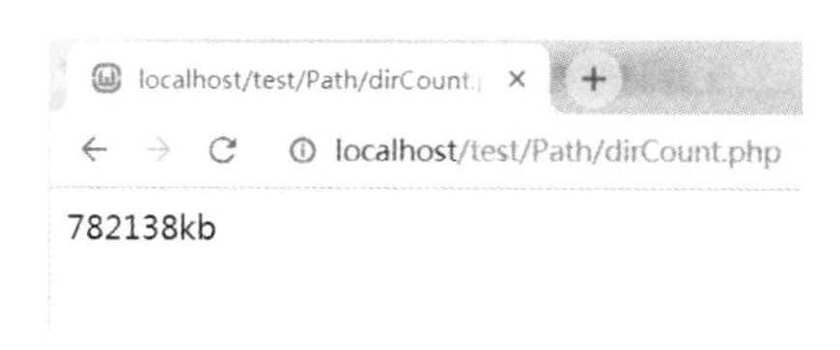

图 13-12

仍然是刚才的结果，但是 Windows 系统已经告诉了我们，此时文件夹大小应该如图 13-13 中所示。

因此，我们需要对程序做出调整。应该怎么实现？请看如下代码：

```
<?php
    /**
     * 递归统计目录大小的函数
     * 作者：大飞哥
     * 时间：2019-12-25 11:00:04
```

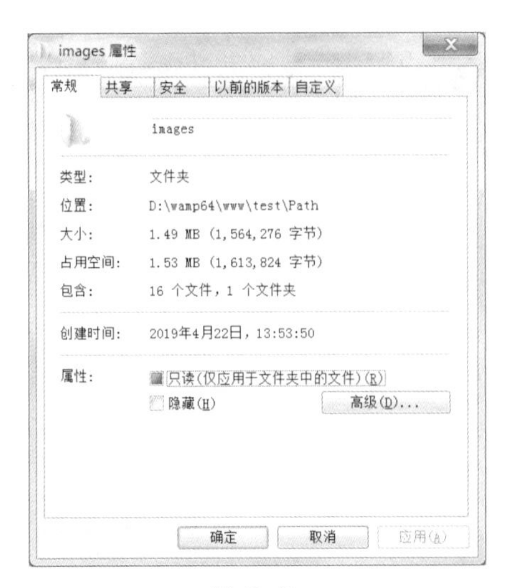

图 13-13

```
    * @param $path string 要进行统计的目录
    * @return $total int     统计之后的结果
    */
function dirCount($path){

    //1. 打开目录
    $resource = opendir($path);

    //2. 定义统计大小的变量
    $total = 0;

    //3. 处理目录路径（方便后续操作）
    $path = rtrim($path, '/').'/';

    //4. 读取目录
    while($file = readdir($resource)){

        //5. 过滤"."和".."
        if($file='.' || $file=='..'){
            continue;
        }

        //6.判断是否为一个文件
        if(is_file($path.$file)){

            //7.大小追加
            $total += filesize($path.$file);
        }

        //8.判断是否为一个目录
        if(is_dir($path.$file)){

            //9.调用dirCount函数本身，并递归统计目录大小
            $total += dirCount($path.$file);
```

```
            }
        }
        //10.输出大小
        return $total.'kb';

        //11.关闭目录
        closedir($resource);
    }
?>
```

大飞哥把这个程序编成了函数，因为只有函数才能递归，也只有这样才能把多层级目录的结果统计到一起！请看函数调用代码：

```
<?php
    //任意找到一个目录，并使用刚才定义好的函数进行统计
    //1. 定义目录
    $path ="./images";

    //2. 测试函数
    echo dirCount($path).'kb';
?>
```

结果就是下面这样！不要小瞧我们的这个递归统计目录大小的函数，它可以统计任何文件夹！不管文件夹里面有多少个层级，也不管该文件夹里面有多少文件，它都可以准确统计，如图 13-14 所示。

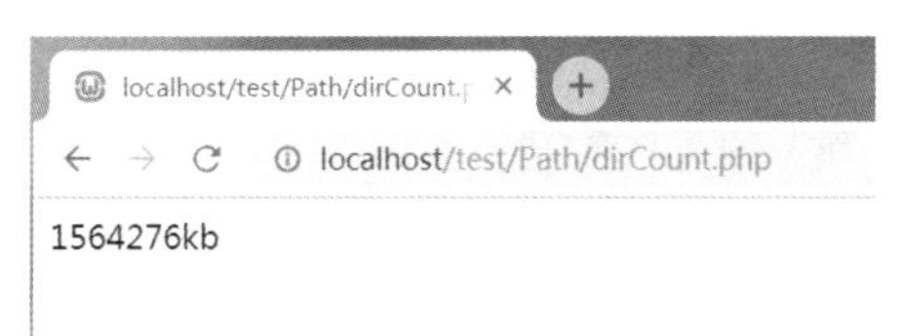

图 13-14

我们可以在 images 目录里面再多放几个目录和一些文件，如图 13-15 所示。

图 13-15

13.6 递归删除目录

统计目录大小利用到了递归，同样需要用到递归的还有删除目录，就不再细讲过程了，代码奉上，同学们要好好研究。切记！删除目录时一定要过滤“.”和“..”，如果不过滤，你的整个电脑会被清空！别问我是怎么知道的……

```
<?php
   /**
    * 递归删除目录的函数
    * 作者：大飞哥
    * 时间：2019-12-25 11:09:19
    * @param $path string 要进行删除的目录
    */
   function dirDel($path)
{
      //1.打开目录
      $resource = opendir($path);

      //2.处理目录路径（方便后续操作）
      $path = rtrim($path, '/').'/';

      //3.读取目录
      while($file = readdir($resource)){

         //4.过滤"."和".."（警告：这个步骤一定要有，否则后果自负！）
         if($file='.' || $file='..'){
            continue;
         }

         //5.判断是否为一个文件
         if(is_file($path.$file)){

            //6.删除文件
            unlink($path.$file)
         }

         //7.判断是否为一个目录
         if(is_dir($path.$file)){

            //8.调用dirCount函数本身，并递归统计目录大小
            dirDel($path.$file);
         }
      }

      //9.关闭目录
      closedir($resource);
   }
?>
```

结果如图 13-16 所示。

images 属性

常规 共享 安全 以前的版本 自定义

images

类型： 文件夹

位置： D:\wamp64\www\test\Path

大小： 2.98 MB (3,128,552 字节)

占用空间： 3.07 MB (3,227,648 字节)

包含： 32 个文件，3 个文件夹

创建时间： 2019年4月22日，13:53:50

属性： 只读(仅应用于文件夹中的文件)(R)

隐藏(H) 高级(D)...

确定 取消 应用(A)

图 13-16

再来统计一下，结果如图 13-17 所示。

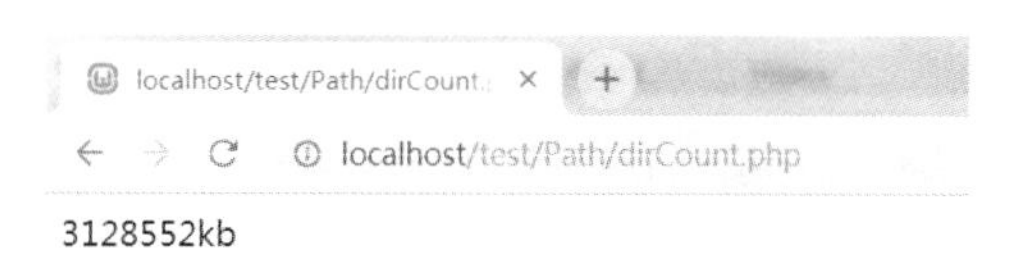

图 13-17

结果依然准确！大功告成！

13.7 递归复制目录

除了可以递归统计目录大小、递归删除目录，大飞哥再奉上一段代码，可以复制一个目录。

```
<?php
   /**
    * 递归复制目录的函数
    * 作者：大飞哥
    * 时间：2019-12-25 11:34:28
    * @param $opath string 要进行复制的目录名称
    * @param $npath string 复制之后的文件夹名称
    */
   function dirCopy($opath, $npath)
   {
      //1.判断被复制的对象是否为一个目录
      if(!is_dir($opath)){
         die('请选择正确的目录进行复制！');
      }

      //2.判断复制后的目录是否存在
```

```
        if(!file_exists($npath)){
            mkdir($npath);
        }

        //3.处理两个目录的路径（方便后续操作）
        $opath = rtrim($opath, '/').'/';
        $npath = rtrim($npath, '/').'/';

        //4.打开被复制的目录
        $resource = opendir($opath);

        //5.读取所有目录中的内容
        while($file = readdir($resource)){

            //6.过滤"."和".."（警告：这个步骤一定要有，否则后果自负！）
            if($file='.' || $file='..'){
                continue;
            }

            //7.判断是否为一个文件
            if(is_file($opath.$file)){

                //8.删除文件
                copy($opath.$file, $npath.$file);
            }

            //9.判断是否为一个目录
            if(is_dir($opath.$file)){

                //10.递归调用本函数
                dirCopy($opath.$file, $npath.$file);
            }
        }

        //11.返回结果
        return true;

        //12.关闭目录
        closedir($resource);
    }
?>
```

测试代码如下，我们需要准备两个目录名称：第一个是被复制的，第二个是复制之后的。

```
<?php
    //1. 定义要进行复制的目录
    $opath ="./images";

    //2. 定义复制之后的目录名称
    $npath ="./imgs";

    //3.测试递归复制的函数
```

```
    dirCopy($opath, $npath);
?>
```

测试效果如图 13-18 所示。

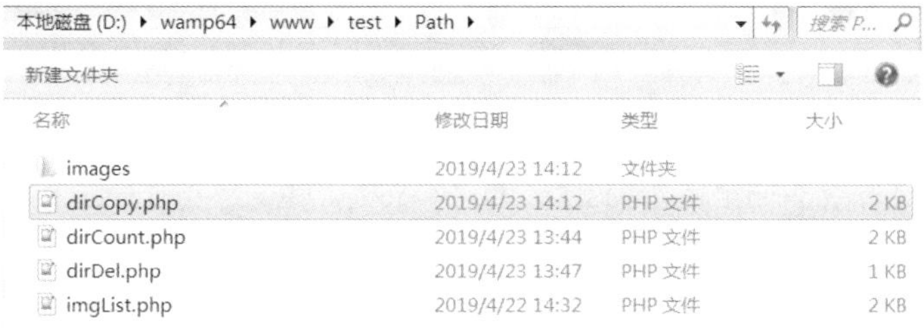

图 13-18

复制之后的效果如图 13-19 所示。

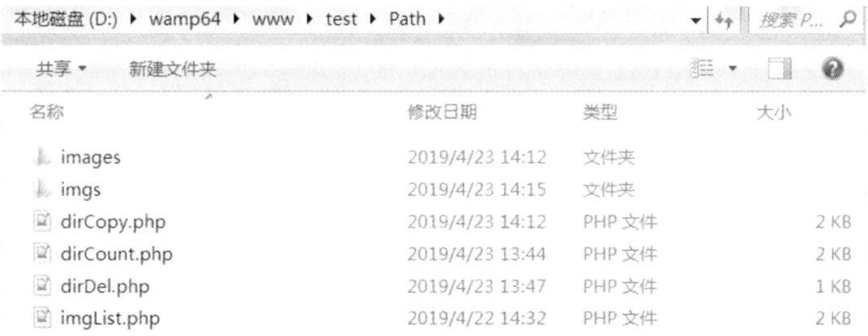

图 13-19

搞定！对于文件与目录的操作，我们就介绍到这里，你学会了吗？

13.8 文件的基本操作

前几节的操作，我们大多是在操作文件与目录，在本节，我们主要操作文件的内容。例如，把某个文件的信息读出来，或者往某个文件中写入一些内容，等等。其实在之前的文本式留言板案例中，我们就已经接触过 file_get_contents 和 file_put_contents，本章节算是对学习效果的巩固，同时给大家普及一下文件的其他相关操作！

首先，我们还是把常用的函数罗列出来，并在此基础之上展开本节的学习，见表 13-3。

表 13-3

函数名	描述
fopen	打开文件或者 URL（8 种打开方式）
fread	读取文件（可安全用于二进制文件）
fwrite	写入文件（可安全用于二进制文件）
fclose	关闭一个已打开的文件指针
fgetc	从文件指针中读取字符
fgets	从文件指针中读取一行
flock	轻便的咨询文件锁定
fputs	fwrite 的别名

续表

函数名	描述
fseek	在文件指针中定位
ftell	返回文件指针读 / 写的位置
file_get_contents	将整个文件读入一个字符串
file_put_contents	将一个字符串写入文件

假设在当前目录下，有一个名为 test.txt 的文本文档，我们想要打开这个文档，并且写入一些内容进去，则可以以如下方式实现（因为需要使用到 fopen，而 fopen 有多种打开方式，因此这里我们要用表格列出），见表 13-4：

表 13-4

方式	描述
	只读方式打开，将指针指向文件头
r+	读写方式打开，指针指向文件头
w	写入方式打开，指针指向文件头，文件大小皆为 0，文件不存在则创建
w+	读写方式打开，指针指向文件头，文件大小皆为 0，文件不存在则创建
a	追加写方式打开，指针指向文件尾，文件不存在则创建
a+	追加读写方式打开，指针指向文件尾，文件不存在则创建
x	创建写方式打开，指针指向文件头，文件不存在则创建，存在则报错 E_WARNING
x+	创建读写方式打开，指针指向文件头，文件不存在则创建，存在则报错 E_WARNING

```
<?php
    // 操作一个文本文档

    //1. 打开该文本文档（只读方式打开，只能读，不能写）
    $resource = fopen('./test.txt', 'r');

    //2. 读取文件内容（从当前指针指向的字符开始读，读了25个字符）
    $info = fread($resource, 25);

    //3. 写入文件内容
    fwrite($resource, 'Try To Change Something');

    //4. 关闭文件
    fclose($resource);

    //5. 打印结果
    var_dump($info);
?>
```

可以清晰地看到，我们目前使用 r 方式打开了文件 test.txt，此时是没有办法写入内容的，因此只能读出前 25 个字符，如图 13-20 所示。

图 13-20

大家可以尝试着把 fopen 的打开方式修改为上面表格中的其他几种。大飞哥在这里就不详细解读了。我们直接上手来写一个小程序，练习一下文档内容的操作吧！

这个程序的名称，我们就暂且称它为“在线文件管理系统”，它主要实现的功能是：记录我们的信息以及我们所写的日记内容。因此，我们又得来准备表单文件了，代码如下：

```
<!DOCTYPE html>
<html>
   <head>
      <title>早先日记管理系统</title>
      <meta charset='utf-8'/>
   </head>
   <body>
      <h2>在线文件管理系统</h2>
      <form action='fileSystem.php?a=create' method='post'>
      <table>
         <tr>
            <td>日记名称：</td>
            <td><input type='text' name='note' value=''/></td>
            <td colspan='2'><input type='submit' value='创建日记'/></td>
         </tr>
      </table>
      </form>
   </body>
</html>
```

页面效果如图 13-21 所示。

在线文件管理系统

日记名称： 创建日记

图 13-21

当用户在这里输入日记本的名字后单击【创建日记】按钮，即可在当前目录下的 diaries 目录中创建该日记本的文本文档。这里要注意，不能存在重名的日记本文件，另外，用户在创建日记本时，传递了一个 a 参数，值为 create，这是为了区分用户执行的动作而准备的。

如下所示，我们把日记本创建的操作放到了表单上方，记得首先判断用户执行了什么操作，然后判断用户是否提交了空的日记本名称。

```
<!DOCTYPE html>
<html>
   <head>
      <title>早先日记管理系统</title>
      <meta charset='utf-8'/>
   </head>
   <body>
<?php
   //创建日记本的操作

   //1.判断用户执行了什么操作
   switch(@$_GET['a']){
```

```
        //2.若是创建日记本，则执行下列程序
        case 'create':

            //3.判断用户是否提交了空的日记本名称
            if(@$_POST['note']!=''){

                //4.获取用户提交的日记本名称
                $note = $_POST['note'];

                //5.根据该名称创建日记本文档
                $resource = fopen('./diaries/'.$note.'.txt', 'x');

                //6.判断是否创建成功
                if($resource!=false){
                    echo"<script>
                        alert('日记本创建成功！');
                        window.location.href='./fileSystem.php';
                    </script>";
                }
        }else{
            echo"<script>
                    alert('日记本创建失败！名称已存在或为空！');
                    window.location.href='./fileSystem.php'
                    </script>";
            die;
        }
        break;
    }
?>
```

测试一下，看看我们的日记本能不能创建成功？

localhost 显示

日记本创建成功！

确定

图13-22

如图13-22所示，没有任何问题，接下来，我们就可以把所有的日记本读取到一个列表中。我们在这个表单下面创建列表表格就可以了：

```
<h2>在线文件管理系统</h2>
        <form action='fileSystem.php?a=create' method='post'>
        <table>
            <tr>
                <td>日记名称：</td>
                <td><input type='text' name='note' value=''/></td>
                <td colspan='2'><input type='submit' value='创建日记'/></td>
        </tr>
            </table>
        </form>
```

```
        <br/><br/>
        <h3>日记本列表</h3>
        <table border='1' width='1200'>
            <tr>
                <th>文件名</th>
                <th>文件类型</th>
                <th>文件大小</th>
                <th>创建时间</th>
                <th>访问时间</th>
                <th>修改时间</th>
                <th>是否可读</th>
                <th>是否可写</th>
                <th>是否可执行</th>
                <th>操作</th>
            </tr>
            <tr>
                <td>测试.txt</td>
                <td>file</td>
                <td>123kb</td>
                <td>2019-12-25 12:03:15</td>
                <td>2019-12-25 12:03:17</td>
                <td>2019-12-25 12:03:18</td>
                <td>是</td>
                <td>是</td>
                <td>否</td>
                <td>
                    <a href='#'>编辑</a>
                    <a href='#'>删除</a>
                </td>
            </tr>
        </table>
    </body>
</html>
```

此时的效果如图 13-23 所示。

在线文件管理系统

日记名称： 创建日记

日记本列表

文件名	文件类型	文件大小	创建时间	访问时间	修改时间	是否可读	是否可写	是否可执行	操作
测试.txt	file	123kb	2019-4-23 15:47:42	2019-4-23 15:47:42	2019-4-23 15:47:42	是	是	否	编辑 删除

图 13-23

下面，我们需要把 diaries 目录中所有的日记都读取到这个列表中。大家还记得之前做过的一个类似的程序吗？你能不能靠自己的实力把这个列表读出来？

```
<!DOCTYPE html>
<html>
    <head>
```

```
        <title>早先的日记管理系统</title>
        <meta charset='utf-8'/>
    </head>
    <body>
<?php
    //创建日记本的操作

    //1.判断用户执行了什么操作
    switch(@$_GET['a']){

        //2.若是创建日记本，则执行下列程序
        case 'create':

            //3.判断用户是否提交了空的日记本名称
            if(@$_POST['note']!=''){

                //4.获取用户提交的日记本名称
                $note = $_POST['note'];

                //5.根据该名称创建日记本文档
                $resource = fopen('./diaries/'.$note.'.txt', 'x');

                //6.判断是否创建成功
                if($resource!=false){
                    echo"<script>
                        alert('日记本创建成功！');
                        window.location.href='./fileSystem.php';
                    </script>";
                    }
            }else{
                    echo"<script>
                        alert('日记本创建失败！名称已存在或为空！');
                        window.location.href='./fileSystem.php'
                        </script>";
                    die;
                }
                break;
        }
?>
```

这样一来，我们就把所有的信息都循环到表格中了，效果如图 13-24 所示。

在线文件管理系统

日记名称： [创建日记]

日记本列表

文件名	文件类型	文件大小	创建时间	访问时间	修改时间	是否可读	是否可写	是否可执行	操作
大飞哥.txt	file	0	1556006028	1556006028	1556006028	1	1		编辑 删除
小飞哥.txt	file	0	1556006034	1556006034	1556006034	1	1		编辑 删除
测试.txt	file	0	1556005491	1556005491	1556005491	1	1		编辑 删除

图 13-24

虽然可以了，但是这个效果却不尽如人意，所以需要修改一下数据显示的格式，修改代码如下：

```
<h2>在线文件管理系统</h2>
        <form action='fileSystem.php?a=create' method='post'>
        <table>
            <tr>
                <td>日记名称：</td>
                <td><input type='text' name='note' value=''/></td>
                <td colspan='2'><input type='submit' value='创建日记'/></td>
            </tr>
        </table>
        </form>
        <br/><br/>
        <h3>日记本列表</h3>
        <table border='1' width='1200'>
            <tr>
                <th>文件名</th>
                <th>文件类型</th>
                <th>文件大小</th>
                <th>创建时间</th>
                <th>访问时间</th>
                <th>修改时间</th>
                <th>是否可读</th>
                <th>是否可写</th>
                <th>是否可执行</th>
                <th>操作</th>
            </tr>
        <?php
        //这里要读取所有的日记本

        //1.定义日记本目录
        $path ="./diaries";

        //2.打开该目录
        $resource = opendir($path);

        //3.循环读取所有的日记文件
        while($file = readdir($resource)){

        //4.过滤特殊目录
        if($file=='.' || $file=='..'){
            continue;
        }
?>
        <tr>
            <td>测试.txt</td>
            <td><?= $file ?></td>
            <td><?= filetype($path.$file) ?></td>
            <td><?= round(filesize($path.$file)/1024,2) ?></td>
            <td><?= date('Y-m-d H:i:s', filectime($path.$file)) ?></td>
```

```
            <td><?= date('Y-m-d H:i:s', fileatime($path.$file)) ?></td>
            <td><?= date('Y-m-d H:i:s', filemtime($path.$file)) ?></td>
            <td><?= is_readable($path.$file)==1 ? '是' : '否' ?></td>
            <td><?= is_writable($path.$file) ==1 ? '是' : '否' ?></td>
            <td><?= is_executable($path.$file) ==1 ? '是' : '否' ?></td>
            <td>
                <a href='#'>编辑</a>
                <a href='#'>删除</a>
            </td>
        </tr>
    <?php
        }
?>
        </table>
    </body>
</html>
```

改完之后，我们的列表就变成了如图 13-25 所示的格式。

在线文件管理系统

日记名称：[ ] [创建日记]

日记本列表

文件名	文件类型	文件大小	创建时间	访问时间	修改时间	是否可读	是否可写	是否可执行	操作
大飞哥.txt	file	0	2019-04-23 kb	2019-04-23	2019-04-23	是	是	否	编辑 删除
小飞哥.txt	file	0	2019-04-23 kb	2019-04-23	2019-04-23	是	是	否	编辑 删除
测试.txt	file	0	2019-04-23 kb	2019-04-23	2019-04-23	是	是	否	编辑 删除

图 13-25

接下来，我们就要开发日记文件的编辑和删除功能了。首先我们来看编辑功能吧。当我们单击【编辑】按钮的时候，表格下面会出现一个编辑表单，用于修改日记本的名字和日记内容，代码如下：

```
<!DOCTYPE html>
<html>
    <head>
        <title>早先的日记管理系统</title>
        <meta charset='utf-8'/>
    </head>
    <body>
<?php
    //创建日记本的操作

    //1.判断用户执行了什么操作
    switch(@$_GET['a']){

        //2.若是创建日记本，则执行下列程序
        case 'create':

            //3.判断用户是否提交了空的日记本名称
            if(@$_POST['note']!=''){
```

```
            //4.获取用户提交的日记本名称
            $note = $_POST['note'];

            //5.根据该名称创建日记本文档
            $resource = fopen('./diaries/'.$note.'.txt', 'x');

            //6.判断是否创建成功
            if($resource!=false){
               echo"<script>
                  alert('日记本创建成功！');
                  window.location.href='./fileSystem.php';
               </script>";
            }
        }else{
        echo"<script>
              alert('日记本创建失败！名称已存在或为空！');
              window.location.href='./fileSystem.php'
           </script>";
        die;
        }
        break;
    }
?>
<h2>在线文件管理系统</h2>
        <form action='fileSystem.php?a=create' method='post'>
        <table>
           <tr>
              <td>日记名称:</td>
              <td><input type='text' name='note' value=''/></td>
              <td colspan='2'><input type='submit' value='创建日记'/></td>
           </tr>
        </table>
        </form>
        <br/><br/>
        <h3>日记本列表</h3>
        <table border='1' width='1200'>
           <tr>
              <th>文件名</th>
              <th>文件类型</th>
              <th>文件大小</th>
              <th>创建时间</th>
              <th>访问时间</th>
              <th>修改时间</th>
              <th>是否可读</th>
              <th>是否可写</th>
              <th>是否可执行</th>
              <th>操作</th>
           </tr>
    <?php
        //这里要读取所有的日记本
```

```
        //1.定义日记本目录
        $path ="./diaries";

        //2.打开该目录
        $resource = opendir($path);

        //3.循环读取所有的日记文件
        while($file = readdir($resource)){

            //4.过滤特殊目录
            if($file=='.' || $file=='..'){
               continue;
            }
?>
            <tr>
               <td>测试.txt</td>
               <td><?= $file ?></td>
               <td><?= filetype($path.$file) ?></td>
               <td><?= round(filesize($path.$file)/1024,2) ?></td>
               <td><?= date('Y-m-d H:i:s', filectime($path.$file)) ?></td>
               <td><?= date('Y-m-d H:i:s', fileatime($path.$file)) ?></td>
               <td><?= date('Y-m-d H:i:s', filemtime($path.$file)) ?></td>
               <td><?= is_readable($path.$file)==1 ? '是' : '否' ?></td>
               <td><?= is_writable($path.$file) ==1 ? '是' : '否' ?></td>
               <td><?= is_executable($path.$file) ==1 ? '是' : '否' ?></td>
               <td>
                  <a href='./fileSystem.php?a=edit'>编辑</a>
                  <a href='#'>删除</a>
               </td>
            </tr>
        <?php
            }
        ?>
            </table>
            <br/><br/>
        <?php
        //日记本编辑表单

        //1.判断用户是否单击了编辑按钮
        if(@$_GET['a']=='edit'){
 ?>
        <h3>编辑日记</h3>
        <form action='./fileSystem.php' metho='post'>
        <table>
            <tr>
               <td>日记名称：</td>
               <td><input type='text' name='name' value=''/></td>
        </tr>
        <tr>
            <td>日记内容：</td>
            <td><textarea name='content' cols='30' rows='5'></textarea></td>
```

```
        </tr>
        <tr align='center'>
            <td colspan='2'>
            <input type='submit' value='提交'/>
            <input type='reset' value='重置'/>
        </td>
        </tr>
    </table>
    </form>
<?php
    }
?>
    </body>
</html>
```

这些代码都放到列表表格后方就可以了，此时如果单击了某一个日记本的【编辑】按钮，就可以让这个编辑表单呈现出来，如图 13-26 所示。

在线文件管理系统

日记名称：[ ] 创建日记

日记本列表

文件名	文件类型	文件大小	创建时间	访问时间	修改时间	是否可读	是否可写	是否可执行	操作
大飞哥.txt	file	0	2019-04-23 kb	2019-04-23	2019-04-23	是	是	否	编辑 删除
小飞哥.txt	file	0	2019-04-23 kb	2019-04-23	2019-04-23	是	是	否	编辑 删除
测试.txt	file	0	2019-04-23 kb	2019-04-23	2019-04-23	是	是	否	编辑 删除

图 13-26

编辑表单虽然有了，但是并没有把我们正在编辑的日记的名字和内容读取到表单中，因此我们还得进一步完善。首先要把日记本的名字传递到表单的日记名称栏目，然后把该日记的内容读取到日记内容栏目，代码如下：

```
<td>
    <a href='./fileSystem.php?a=edit&name=<?= $file ?>'>编辑</a>
    <a href='#'>删除</a>
</td>

<?php
    //日记本编辑表单

    //1.判断用户是否单击了编辑按钮
    if(@$_GET['a']=='edit'){
?>
```

```
            <h3>编辑日记</h3>
            <form action='./fileSystem.php' metho='post'>
            <table>
                <tr>
                    <td>日记名称: </td>
                    <td><input type='text' name='name' value='<?= $_GET['name'] ?>'/></td>
                </tr>
                <tr>
                    <td>日记内容: </td>
                        <td><textarea name='content' cols='30' rows='5'><?= file_get_contents("./
diaries/".$_GET['name']) ?></textarea></td>
                </tr>
                <tr align='center'>
                    <td colspan='2'>
                        <input type='submit' value='提交'/>
                        <input type='reset' value='重置'/>
                    </td>
                </tr>
            </table>
            </form>
    <?php
        }
    ?>
```

此时，我们再单击某一本日记的【编辑】按钮时，效果如图13-27所示。

在线文件管理系统

日记名称： 创建日记

日记本列表

文件名	文件类型	文件大小	创建时间	访问时间	修改时间	是否可读	是否可写	是否可执行	操作
大飞哥.txt	file	0	2019-04-23 kb	2019-04-23	2019-04-23	是	是	否	编辑 删除
小飞哥.txt	file	0	2019-04-23 kb	2019-04-23	2019-04-23	是	是	否	编辑 删除
测试.txt	file	0	2019-04-23 kb	2019-04-23	2019-04-23	是	是	否	编辑 删除

编辑日记

日记名称： 大飞哥.txt

日记内容：

提交 重置

图13-27

因为我的日记本里面没有内容，因此是空的，不过我们可以手动在“大飞哥.txt”中添加一些测试内容，呈现效果如图13-28所示。

这里一定要注意编码的问题，如果编码不对，可能会出现乱码。切记，我们所有编程页面的编码都是UTF-8，在Notepad++编辑器的格式菜单栏目可以进行调试，如图13-29所示。

到目前为止，我们只是完成了编辑的展示，还没有实现编辑日记的功能。我们想要实现的，是可以修改日记本名称以及修改日记本内容。

在线文件管理系统

日记名称： [ ] 创建日记

日记本列表

文件名	文件类型	文件大小	创建时间	访问时间	修改时间	是否可读	是否可写	是否可执行	操作
大飞哥.txt	file	0.04	2019-04-23 kb	2019-04-23	2019-04-23	是	是	否	编辑 删除
小飞哥.txt	file	0	2019-04-23 kb	2019-04-23	2019-04-23	是	是	否	编辑 删除
测试.txt	file	0	2019-04-23 kb	2019-04-23	2019-04-23	是	是	否	编辑 删除

编辑日记

日记名称： 大飞哥.txt

日记内容： 这是大飞哥的第一篇日记!

提交 重置

图 13-28

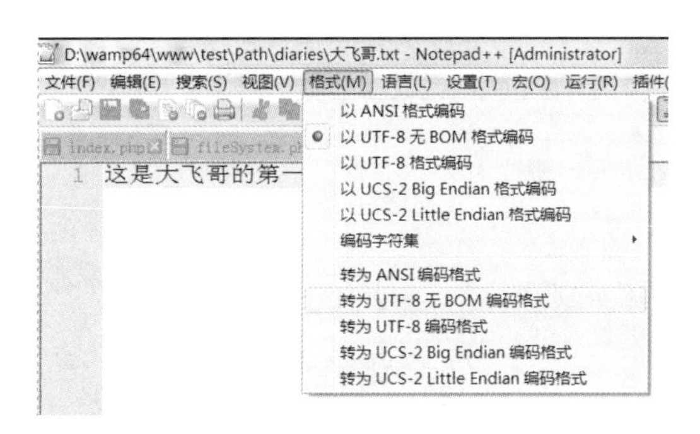

图 13-29

用户修改完日记信息后，会单击【提交】按钮，这里需要传递一个参数 a，值为 update，意在告诉程序，用户在执行信息修改操作，处理程序依然在最上方的 switch 判断位置，代码如下：

```
<h3>编辑日记</h3>
<form action='./fileSystem.php?name=<?= $_GET['name'] ?>&a=update' method='post'>

<?php
  //创建日记本的操作

  //1.判断用户执行了什么操作
  switch(@$_GET['a']){

    //2.若是创建日记本，则执行下列程序
    case 'create':

      //3.判断用户是否提交了空的日记本名称
      if(@$_POST['note']!=''){

        //4.获取用户提交的日记本名称
        $note = $_POST['note'];
```

```
            //5.根据该名称创建日记本文档
            $resource = fopen('./diaries/'.$note.'.txt', 'x');

            //6.判断是否创建成功
            if($resource!=false){
               echo"<script>
                  alert('日记本创建成功！');
                  window.location.href='./fileSystem.php';
                  </script>";
            }
        }else{
           echo"<script>
              alert('日记本创建失败！名称已存在或为空！');
              window.location.href='./fileSystem.php'
              </script>";
           die;
        }
        break;

    //7.若参数为update，则意味着用户正在修改日记内容
    case"update":
        //1.获取用户修改后的日记名称
        $note = $_POST['note'];

        //2.获取用户修改后的日记内容
        $content = $_POST['content'];

        //3.判断用户是否提交了空的日记名称
        if($note=''){
           echo"<script>
              alert('日记本信息修改失败！名称不能为空！');
              window.location.href='./fileSystem.php';
              </script>";
           die;
        }

        //4.重命名日记本名称
        rename('./diaries/'.$_GET['name'], './diaries/'.$_POST['content']);

        //5.将日记本内容写入该日记本
        file_put_content('./diaries'.$_POST['note'], $_POST['content']);

        //6.提示用户修改成功
        echo"<script>
           alert('日记本信息修改成功！');
           window.location.href='./fileSystem.php'
           </script>";
        break;
    }
?>
```

如此一来，我们就把日记本信息编辑功能完成了，测试结果成功，如图 13-30 所示。

日记本列表

文件名	文件类型	文件大小	创建时间	访问时间	修改时间	是否可读	是否可写	是否可执行	操作
大飞哥修改后.txt	file	0.06	2019-04-23 kb	2019-04-23	2019-04-23	是	是	否	编辑 删除
小飞哥.txt	file	0	2019-04-23 kb	2019-04-23	2019-04-23	是	是	否	编辑 删除
测试.txt	file	0	2019-04-23 kb	2019-04-23	2019-04-23	是	是	否	编辑 删除

图 13-30

最后一个功能，就是删除功能。这个功能就简单啦，只需要将要删除的文件名称传递到 switch 分支，并且把该名称删除就可以了，代码如下：

```
<td>
   <a href='./fileSystem.php?a=edit&name=<?= $file ?>'>编辑</a>
   <a href='./fileSystem.php?a=delete&name=<?= $file ?>'>删除</a>
</td>

<?php
   //创建日记本的操作

   //1.判断用户执行了什么操作
   switch(@$_GET['a']){

      //2.若是创建日记本，则执行下列程序
      case 'create':
         //3.判断用户是否提交了空的日记本名称
         if(@$_POST['note']!=''){

            //4.获取用户提交的日记本名称
            $note = $_POST['note'];

            //5.根据该名称创建日记本文档
            $resource = fopen('./diaries/'.$note.'.txt', 'x');

            //6.判断是否创建成功
            if($resource!=false){
               echo"<script>
```

```
                    alert('日记本创建成功！');
                    window.location.href='./fileSystem.php';
                </script>";
            }
        }else{
            echo"<script>
                alert('日记本创建失败！名称已存在或为空！');
                window.location.href='./fileSystem.php'
               </script>";
            die;
        }
        break;

//7.若参数为update，则意味着用户正在修改日记内容
case"update":
    //1.获取用户修改后的日记名称
    $note = $_POST['note'];

    //2. 获取用户修改后的日记内容
    $content = $_POST['content'];

    //3.判断用户是否提交了空的日记名称
    if($note=''){
        echo"<script>
                alert('日记本信息修改失败！名称不能为空！');
                window.location.href='./fileSystem.php';
            </script>";
        die;
    }

    //4.重命名日记本名称
    rename('./diaries/'.$_GET['name'], './diaries/'.$_POST['content']);

    //5.将日记本内容写入该日记本
    file_put_content('./diaries'.$_POST['note'], $_POST['content']);

    //6.提示用户修改成功
    echo"<script>
        alert('日记本信息修改成功！');
        window.location.href='./fileSystem.php';
        </script>";
    break;

    //8.若参数为delete，则意味着用户在删除某个日记本
    case"delete":
        //1. 获取要删除的日记本名称
        $name = $_GET['name'];

        //2. 执行删除
        unlink('./diaries/'.$name);
```

```
        //3.提示用户删除成功
        echo"<script>
            alert('日记本删除成功！');
            window.location.href='./fileSystem.php';
        </script>";

    break;
  }
?>
```

所有的功能都大功告成了！快去测试一下你的成果吧！

第 14 章 文件上传和下载

上传与下载功能在日常生活当中是非常常用的，相信大家都对它们非常熟悉。无论是在 QQ 空间上传一张图片，还是在微信朋友圈上传多张图片，或是在抖音上传一段视频，都会使用上传功能；同时，如果想从网站获取一些优质资源，无论是视频还是图片，都会用到下载功能。接下来，我们就来学习开发 PHP 中的文件上传与下载功能。

本章我们主要围绕这么几个点来展开：一是文件的上传；二是多文件的上传；三是文件的下载。

在讲文件上传功能之前，大飞哥要先来给大家详细地讲一下文件上传的原理，无论我们今后学习什么内容，都要搞清楚它的原理，这样才能学得透彻，记得清楚！这是大飞哥在多年开发教学和实践工作悟出的道理，希望你也能够早日领悟。

其实 PHP 中的文件上传和真实生活中的投递信件异曲同工。不知道大家有没有经历过写信的那个年代，大飞哥是经历过的……那会儿没有微信、QQ，普通人也没有手机，打长途电话也非常昂贵，我们若想联系远方的亲戚、外地的朋友，只能通过写信，并且要经过下面的这个流程，对方才能收到我们的信件。

首先我们要：写信、贴邮票、写收件人和地址、去邮局、投递到邮筒。

然后邮递员要：到邮筒取信、检查信件是否完整、划分投递区域、邮寄。

如果把这些操作映射到 PHP 编程中，就变成了如下情况。

首先我们要：打开浏览器，进入 QQ 空间，进入相册，选择图片，执行上传。

然后 PHP 要：在临时目录获取临时文件（就是我们上传的文件），提交到服务器指定目录。

如此一来，PHP 就成了邮递员，服务器当中的临时目录就是邮筒，临时文件就是信件。PHP 会拿到这个临时文件，并将其上传到指定的服务器目录，这就实现了上传功能。

14.1 文件上传的原理

首先，我们准备一个上传文件的表单，如下所示：

```
<!DOCTYPE html>
<html>
```

```
    <head>
        <title>php文件上传原理</title>
        <meta charset='utf-8'/>
    </head>
    <body>
        <center>
            <h2>文件上传表单</h2>
            <form action='doupload.php' method='post' enctype='multipart/form-data'>
                请选择要上传的文件: <input type='file' name='photo'/>
                <input type='submit' value='上传'/>
            </form>
        </center>
    </body>
</html>
```

这里大家会注意到，form 表单头部多了一个 enctype 属性，这个属性是必须添加的，它相当于一个通行证，有了它，我们才能传递文件到服务器。另外，表单的上传方式 method 必须为 post，且 input 表单项的 type 属性必须为 file 类型，才能呈现如图 14-1 所示的效果。

文件上传表单

请选择要上传的文件：选择文件 未选择任何文件 上传

因为上传地址是 doUpload.php，因此我们可以选择一张图片来上传，如图 14-1 所示。

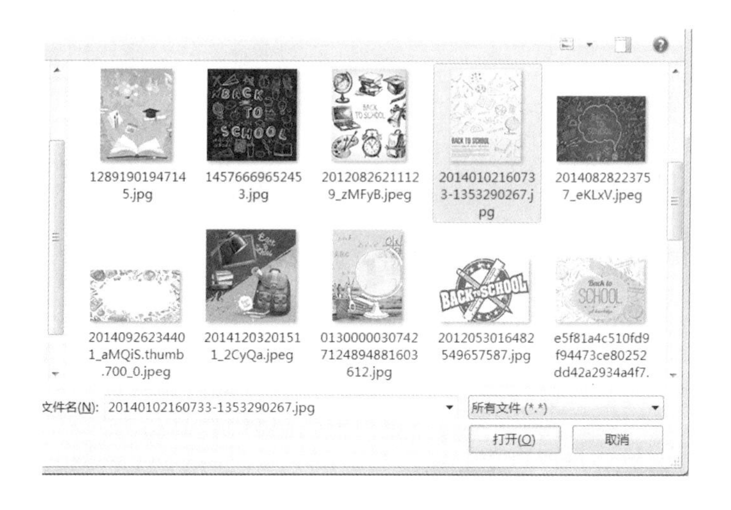

图 14-1

选择好图片，单击【打开】按钮，图片的名称就会出现在表单中，到这一步操作，就相当于把信件投递到了邮筒，如图 14-2 所示。

文件上传表单

请选择要上传的文件：选择文件 201401021607…3290267.jpg 上传

图 14-2

那么服务器中的“邮筒”在哪里呢？大家可以打开服务器 wamp 的根目录，然后找到 tmp 目录，这就是“邮筒”了，如图 14-3 所示。

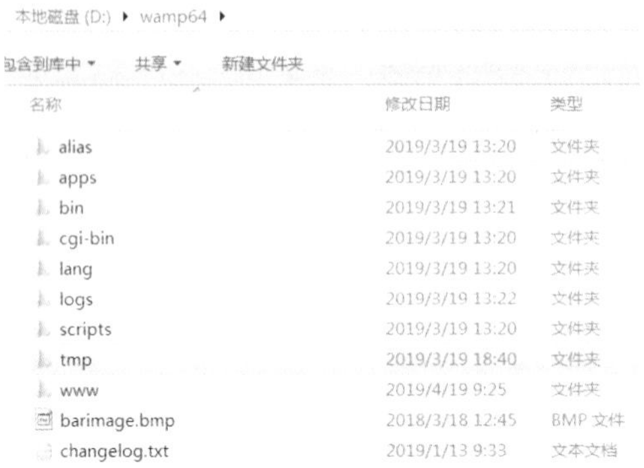

本地磁盘 (D:) ▸ wamp64 ▸

包含到库中 ▾　共享 ▾　新建文件夹

名称	修改日期	类型
alias	2019/3/19 13:20	文件夹
apps	2019/3/19 13:20	文件夹
bin	2019/3/19 13:21	文件夹
cgi-bin	2019/3/19 13:20	文件夹
lang	2019/3/19 13:20	文件夹
logs	2019/3/19 13:22	文件夹
scripts	2019/3/19 13:20	文件夹
tmp	2019/3/19 18:40	文件夹
www	2019/4/19 9:25	文件夹
barimage.bmp	2018/3/18 12:45	BMP 文件
changelog.txt	2019/1/13 9:33	文本文档

图 14-3

默认情况下，tmp 临时目录中是没有任何信息的，只有当我们提交文件的时候，上传的文件会以临时文件的身份在这个 tmp 目录下暂时存储，就好像我们的信件会在邮筒暂时存储一样，等邮递员取走了，信件也就不在了！

所以，此时的 doUpload.php 就是“邮递员”的身份了，它会获取这个临时文件，并且把它送到服务器的指定目录中。先看一下上传文件的信息格式。我们需要使用 $_FILES 超全局变量进行信息打印，因为是文件上传，因此接收信息的方式也发生了改变，代码如下：

```
<?php

    //处理上传文件
    var_dump($_FILES);

?>
```

打印的信息如图 14-4 所示。

```
D:\wamp64\www\test\Upload\doUpload.php:4:
array (size=1)
  'photo' =>
    array (size=5)
      'name' => string '20140102160733-1353290267.jpg' (length=29)
      'type' => string 'image/jpeg' (length=10)
      'tmp_name' => string 'D:\wamp64\tmp\php8A08.tmp' (length=25)
      'error' => int 0
      'size' => int 141880
```

图 14-4

打印结果是一个二维数组。第一维的下标就是表单中 input 的名字，是 photo，它的值就是上传文件的详细信息，涵盖了 name（名字）、type（类型）、tmp_name（临时文件名）、error（错误号）和 size（文件大小）。这里的 tmp_name，就是临时存储在 tmp 目录中的文件的名字。

可是当我们打开 tmp 目录，却并未看到任何临时文件，原因是 PHP 程序的处理速度是非常快的，通常每秒钟可以执行几百万行代码，因此它处理上传文件的速度也非常快。当 doUpload.php 代码执行完毕，PHP 程序也就认为文件已经处理完毕，并且投递到了某个指定的目录中，所以我们看不到这个临时文件。但是，我们可以通过如下方式来查看临时文件：

```
<?php

    //处理上传文件
    var_dump($_FILES);

    //让程序睡眠10秒
    sleep(10);

?>
```

这样一来，程序可以在这里停留 10 秒，在这 10 秒里，我们就可以看到 tmp 目录里的临时文件了，也就是 D:\wamp64\tmp\php8A08.tmp 的文件信息。此时，我们可以重新执行一次文件上传，然后打开 tmp 目录，就能看到这个临时文件了，如图 14-5 所示。

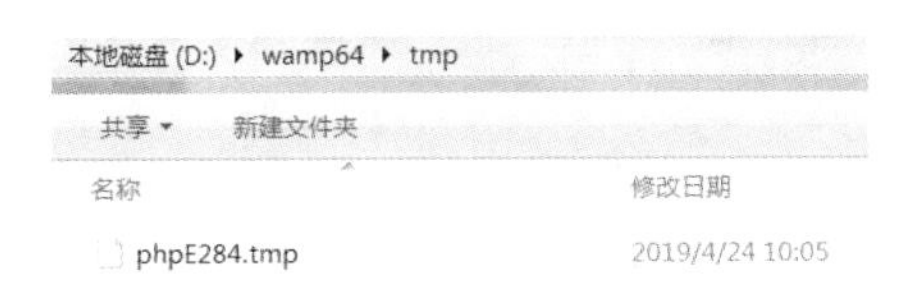

图 14-5

这就是投递到“邮筒”里的那封“信”，10 秒过去之后，这个文件也就不复存在了，因为 doUpload.php 脚本已经执行完毕，所以就把该文件挪走了。但是挪到哪里去呢？这就得在 doUpload.php 脚本中编写转移临时文件的程序，把这个临时文件转移到服务器的指定目录即可：

```
<?php
   //1. 获取临时文件信息
   $tmp_name = $_FILES['photo']['tmp_name'];

   //2. 设置上传目录
   $path = './Uploads';

   //3. 把临时文件，上传到该目录
   move_uploaded_file($tmp_name, $path.$_FILES['photo']['name']);
?>
```

这里要注意，使用 move_uploaded_file 函数执行文件移动时，需要告知程序，移动到指定目录中以后，文件要怎么命名，所以大飞哥在 path 目录后添加了文件原来的名字。然后，我们可以再去执行一次文件上传，此时图片就上传到当前目录下的 Uploads 目录中了，如图 14-6 所示。

图 14-6

这就是文件上传的原理，你学会了吗？

14.2 上传文件的注意事项

因为文件的上传，是用户把自己的文件上传到服务器中，那么这就存在一定的风险，我们为此需要在服务器端做好相应的设置，以避免用户上传一些非法文件。大家可以打开 php.ini，并搜索 File Upload，即可定位到文件上传的相关设置信息，如图 14-7 所示。

```
;;;;;;;;;;;;;;;;
; File Uploads ;
;;;;;;;;;;;;;;;;

; Whether to allow HTTP file uploads.
; http://php.net/file-uploads
file_uploads = On

; Temporary directory for HTTP uploaded files (will use system default if not
; specified).
; http://php.net/upload-tmp-dir
upload_tmp_dir ="D:/wamp64/tmp"

; Maximum allowed size for uploaded files.
; http://php.net/upload-max-filesize
upload_max_filesize = 2M

; Maximum number of files that can be uploaded via a single request
max_file_uploads = 20
```

图 14-7

这里大飞哥需要再次强调，配置文件是 PHP 的核心文件，因此，修改时一定要记得做备份，以避免误改后无法恢复的尴尬情况。大飞哥建议大家把 php.ini 所有的配置复制到一个外部的备份文件，如果配置修改失误，wamp 小图标会变成黄色，大家只需要把这些备份复制回来即可解决。

大家仔细观察这些配置信息，加分号的地方都是注释，没加注释的部分是配置信息，因此这里面一共有 4 个配置，分别是: file_uploads = On(是否开启文件上传功能)、upload_tmp_dir ="D:/wamp64/tmp"（文件上传的临时目录路径）、upload_max_filesize = 2M（单个文件大小不能超过 2MB）、max_file_uploads = 20（单次多文件上传最多不超过 20 个）。请大家一定要牢记这几个配置信息，因为它关乎后续上传功能的正常使用。同时，大家若想修改某个上传配置，可以在这里进行调整，调整之后重启 wamp 服务器才可以生效！大飞哥建议，如果只是项目中的某个表单需要特殊设置，那么你完全可以使用页面级的配置设置方式 ini_set，效果是一样的。

目前，我们使用默认配置就可以了。有了这些配置，用户上传的文件信息如图 14-8 所示。

```
D:\wamp64\www\test\Upload\doUpload.php:4:
array (size=1)
  'photo' =>
    array (size=5)
      'name' => string '20140102160733-1353290267.jpg' (length=29)
      'type' => string 'image/jpeg' (length=10)
      'tmp_name' => string 'D:\wamp64\tmp\php8A08.tmp' (length=25)
      'error' => int 0
      'size' => int 141880
```

图 14-8

14.3 单文件上传函数

现在，我们已经可以控制用户上传文件的 size（大小）了，但是对于用户上传文件的 name（名称）、type（类型）以及 error（错误号），目前还是不可控的。所以，我们需要在 doUpload.php 中完善上传流程，让PHP这个“邮递员”可以筛选上传文件的名称、错误号等内容。具体完善代码如下：

```
/**
 * 上传一个指定文件的函数
 * 作者：大飞哥
 * 时间：2019-12-25 14:45:22
 * @param  string  $path      上传文件存储的指定目录
 * @param  array   $upfile   将上传文件信息的二维数组转换为一维数组之后的信息
 * @param   array   $allowType   用户可以自定义上传的文件列表，例如：array('image/jpeg','image/
gif','image/png');
 * @param  int      $maxSize        允许上传的文件最大大小，默认为0，表示不限制大小
 * return  array    $res      返回一个数组，包含成功与否的信息与一个布尔型的结果
 *                              例如：$res = array(
 *                                              'error'=>false,
 *                                              'info'=>''
 *                                               );
 */
 function upload($path,$upfile,$allowType,$maxSize)
 {
    //判断是否存在指定的上传目录，若不存在则尝试创建
    if(!file_exists($path)){
       mkdir($path);
    }

    //定义存储返回信息的变量
    $res = array(
          'error'=>false,
          'info'=>''
          );

    //2.判断上传文件的错误号
    if($upfile['error']!=0){
       switch($upfile['error']){
          case 1:
             $info ="表示上传文件的大小超出了约定值。";
             break;
          case 2:
              $info ="表示上传文件大小超出了HTML表单隐藏域属性的MAX _ FILE _ SIZE元素所指定的最
大值";
             break;
          case 3:
             $info ="表示文件只被部分上传";
             break;
          case 4:
             $info ="表示没有上传任何文件";
             break;
          case 6:
             $info ="表示找不到临时文件夹";
             break;
          case 7:
             $info ="表示文件写入失败";
```

```
            break;
        }
        $res['info'] = '上传失败! 原因: '.$info;
        return $res;
    }

    //3.判断上传文件的类型是否符合规定
    if(@count($allowType)>0){
        if(!in_array($upfile['type'],$allowType)){
            $res['info'] = '上传失败! 原因: 不被允许的上传文件类型';
            return $res;
        }
    }else{
        $res['info'] = '上传失败! 原因: 没有设定允许上传的文件列表! 请前去设置后再上传! ';
        return $res;
    }

    //4.判断上传文件的大小是否符合规定
    if($maxSize>0 && $upfile['size']>$maxSize){
        $res['info'] = '上传失败! 原因: 上传文件大小超出系统限定大小! ';
        return $res;
    }

    //5.生成随机的文件名

    //获取上传文件的后缀名
    $ext = pathinfo($upfile['name'],PATHINFO_EXTENSION);

    //拼装完整的文件路径
    $path = rtrim($path,'/').'/';

    //生成随机的文件名
    do{
        $newName = date('YmdHis').rand(1000000,9999999).'.'.$ext;
    }while(file_exists($path.$newName));


    //6.执行上传文件的移动
    //判断是否是一个通过HTTP_POST方式上传的文件
    if(is_uploaded_file($upfile['tmp_name'])){

        //判断是否移动成功
        if(move_uploaded_file($upfile['tmp_name'],$path.$newName)){
            $res['info'] ="恭喜, 终于上传成功了! 文件名: ".$path.$newName;
            $res['error'] = true;
            return $res;
        }else{
            $res['info'] = '上传失败! 原因: 移动上传文件失败! ';
            return $res;
        }

    }else{
```

```
            $res['info'] = '上传失败！原因：不是通过HTTP POST方式上传的有效文件！';
            return $res;
        }
    }
```

我们把程序封装成一个函数，这样一来，以后再上传文件，就可以直接使用该函数。值得注意的是函数中错误号判断的位置，上传文件失败的时候，会提示错误号信息，因此我们在 switch 中做了所有可能情况的判断；同时还有生成随机文件名的位置。因为我们无法确定用户上传的文件是否存在同名的情况，因此需要生成一个随机文件名。在使用该函数时，请准备如下几个参数，以确保文件可以正确上传：

```
<?php
   //1. 设置上传文件必备的参数
   $path ="./Uploads";                          //设置文件上传的指定目录
   $upfile = $_FILES['photo'];                  //获取上传信息（一维数组）
   $allowType = array('image/jpeg','image/png','image/gif');        //允许上传的文件类型
   $maxSize = 0;                                //设置允许上传的最大文件大小（0表示不限制）

   //2. 测试上传函数
   $res = upload($path, $upfile, $allowType, $maxSize);

   //3. 打印上传后的信息
   var_dump($res);
?>
```

此时，可以再去上传新的图片，查看打印信息，如图 14-9 所示。

```
D:\wamp64\www\test\Upload\doUpload.php:28:
array (size=2)
  'error' => boolean true
  'info' => string '恭喜，终于上传成功了！文件名：./Uploads/201904240557568644118.jpg' (length=80)
```

图 14-9

提示成功信息，则说明图片已经成功上传，此时，需要检查 Uploads 目录中是否有该图片信息，如图 14-10 所示。

图 14-10

至此，文件上传函数测试成功！

14.4 多文件上传

有了单文件上传的基础，现在可以实现多文件上传的操作了。其实多文件上传功能只需要在原

来的基础上进行些许调整即可实现。首先，我们要准备一下多文件上传的表单。

```
<!DOCTYPE html>
<html>
   <head>
      <meta charset='utf-8'/>
      <title>php多文件上传原理</title>
   </head>
   <body>
      <h2>多文件上传表单</h2>
      <form action='doUpload.php' method='post' enctype='multipart/form-data'>
         请选择要上传的文件: <input type='file' name='photo[]' multiple/>
         <input type='submit' value='上传'/>
      </form>
   </body>
</html>
```

大家观察表单，发现什么地方发生改变了吗？没错，在 input 表单项中，我们添加了一个 multiple 选项，这就是多文件上传的属性，有了它，我们就可以选择多个文件了，如图 14-11 所示。同时要在 name 属性值后加上方括号，如果不添加该方括号，会出问题！

图 14-11

单击【打开】按钮之后，页面就出现了上传文件列表，如图 14-12 所示。

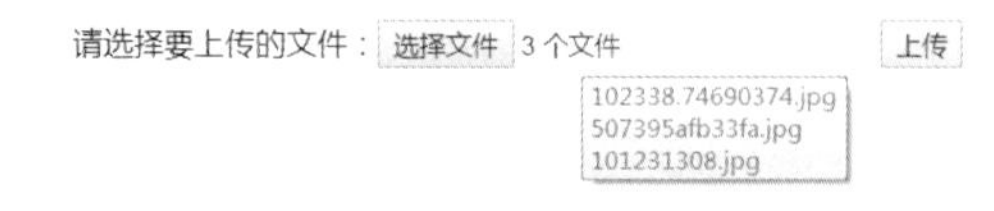

图 14-12

我们一共选中了 3 张图片，鼠标放到 3 个文件上时，还会展示文件名称，单击【上传】按钮即可实现多文件的上传。这里大家要注意，多文件上传的信息和单文件不同，它的数组格式如图 14-13 所示。

```
D:\wamp64\www\test\Upload\doUpload.php:4:
array (size=1)
  'photo' =>
    array (size=5)
      'name' =>
        array (size=3)
          0 => string '102338.74690374.jpg' (length=19)
          1 => string '507395afb33fa.jpg' (length=17)
          2 => string '101231308.jpg' (length=13)
      'type' =>
        array (size=3)
          0 => string 'image/jpeg' (length=10)
          1 => string 'image/jpeg' (length=10)
          2 => string 'image/jpeg' (length=10)
      'tmp_name' =>
        array (size=3)
          0 => string 'D:\wamp64\tmp\phpFB23.tmp' (length=25)
          1 => string 'D:\wamp64\tmp\phpFB43.tmp' (length=25)
          2 => string 'D:\wamp64\tmp\phpFB64.tmp' (length=25)
      'error' =>
        array (size=3)
          0 => int 0
          1 => int 0
          2 => int 0
      'size' =>
        array (size=3)
          0 => int 58919
          1 => int 103447
          2 => int 33519

D:\wamp64\www\test\Upload\doUpload.php:4:
array (size=1)
  'photo' =>
    array (size=5)
      'name' => string '20140102160733-1353290267.jpg' (length=29)
      'type' => string 'image/jpeg' (length=10)
      'tmp_name' => string 'D:\wamp64\tmp\php8A08.tmp' (length=25)
      'error' => int 0
      'size' => int 141880
```

图 14-13

对比之前单文件上传的信息，我们发现，多文件上传的数组变成了三维数组，图片的name（名称）、type（类型）、tmp_name（临时文件名）、error（错误号）和size（大小）各自成了单独的数组，并且存储多张图片的相关信息。

因此多文件上传的核心，就是要把这个三维数组转换成3个单文件上传的二维数组，然后使用单文件上传函数上传。那我们应该如何对这个三维数组进行格式的修改呢？请看下面的代码：

```
//多文件上传方式

//1.引入函数库文件
require './functions.php';

//2.定义上传必备的参数
$path = './uploads';
$allowType = array('image/jpeg','image/png','image/gif');
$maxSize = 0;

//定义一个存储置换后数组的空变量
$data = array();

//3.遍历置换
foreach($_FILES['pic']['name'] as $k=>$v){
    $data[$k]['name'] = $_FILES['pic']['name'][$k];
    $data[$k]['type'] = $_FILES['pic']['type'][$k];
    $data[$k]['tmp_name'] = $_FILES['pic']['tmp_name'][$k];
```

```
        $data[$k]['error'] = $_FILES['pic']['error'][$k];
        $data[$k]['size'] = $_FILES['pic']['size'][$k];
        // var_dump($v);
    }

    //4.执行文件的遍历上传
    foreach($data as $k=>$upfile){

        //开始上传
        $res = upload($path,$upfile,$allowType,$maxSize);
    }

    //5.判断是否上传成功
    if($res['error']){
        echo"<script>alert('恭喜，文件上传成功！');window.location.href='{$_SERVER['HTTP_
REFERER']}'</script>";
    }else{
        echo"<script>alert('抱歉，文件上传失败！');window.location.href='{$_SERVER['HTTP_
REFERER']}'</script>";
    }
```

这里要注意，大飞哥把单文件上传的函数放到 functions.php 中了，因此需要先把函数引过来，然后就可以定义上传所需的参数了。重点在第 2、3 步，我们先定义一个空数组，用来存储置换后的数组。第 3 步的遍历置换是核心，我们会把多文件数组置换成单文件数组格式，并且通过第 4 步的遍历，来实现多文件的上传。

下面我们可以来测试多文件的上传。回到表单选择多张图片，然后单击【上传】按钮，文件上传成功，如图 14-14 所示！

图 14-14

14.5 在线相册管理系统

学会了单文件和多文件的上传，现在就可以进入实践了。在本节，我们就通过一个相册管理系统来巩固知识！

我们首先来看一下完成后的效果，如图 14-15 所示。

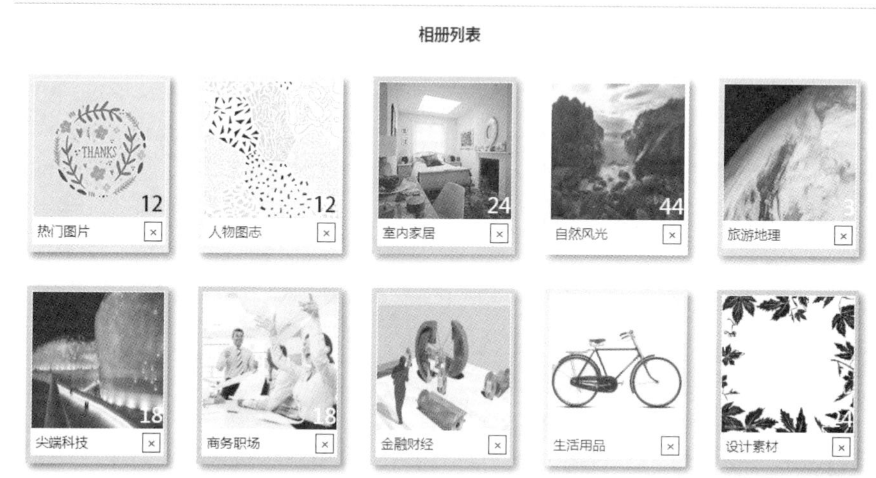

图 14-15

大家先别管这个糟糕的配色方案，我们的核心是业务。这个相册列表，都可以打开，并且查看到内部的图片，例如，我们打开热门图片相册，即可看到下列信息，如图 14-16 所示。

在线相册管理系统

相册列表 | 创建相册

热门图片

选择文件 未选择任何文件 继续上传

图 14-16

下面让我们一步步来实现这个程序。首先要准备的就是首页文件，可以使用 index.php 来命名，代码如下：

```
<!DOCTYPE html>
<html>
   <head>
      <meta charset='utf-8'/>
      <title>在线相册管理系统</title>
   </head>
   <body>
      <center>
         <h2>在线相册管理系统</h2>
         <a href='index.php'>相册列表</a>
         <a href='create.php'>创建相册</a>
         <hr/>
         <h3>相册列表</h3>
         <!-- 相框 -->
         <div class='album' style='background-color:rgba(<?= rand(0,255) ?>, <?= rand
(0,255) ?>, <?= rand(0,255) ?>),0.3'>
            <div class='photo'>
               <a href='show.php'>
                  <img src='./Albums/default.jpg' width='160' height='160'/>
               </a>
               <div class='photo_num'>98</div>
            </div>
            <div class='title'>
               <span class='left'>热门图片</span>
               <span class='right'><a href='./doAction.php'>x</a></span>
            </div>
         </div>
      <!-- 相框 -->
      </center>
   </body>
</html>
```

这里需要注意，大飞哥把所有的 style（样式）代码都收起来了，大家可以发挥自己的想象来设计这个页面，不一定非要按照这里的样式来写，我自己的样式代码仅供参考！

```
<style>
   .ablum{
      width:160px;
      height:196px;
      padding:6px;
      margin:20px 18px;
      box-shadow:5px 5px 12px rgba(0,0,0,0.5);
      float:left;
   }
   .album:hover{
      box-shadow:5px 5px 15px black;
   }
   .album .photo{
      width:160px;
      height:160px;
```

```
        border:1px solid white;
        position:relative;
        overflow:hidden;
    }
    .album .photo .photo_num{
        position:absolute;
        right:0px;
        bottom:0px;
        color:white;
        font-size:25px;
    }
    .album .title{
        width:160px;
        height:30px;
        line-height:30px;
        border:1px solid white;
        background-color:white;
        text-align:left;
        border-top:name;
    }
    .album .title span.left{
        margin-left:5px;
    }
    .album .title span.right{
        float:right;
        margin-right:3px;
        margin-top:1px;
    }
    .album .title span.right a{
        border:1px solid black;
        padding:0px 4px;
    }
    .album .title span.right a:hover{
        blackground-color:red;
        border:1px solid red;
        color:white;
    }
</style>
```

这些代码都写完之后，实现的效果如图 14-17 所示。

图 14-17

接下来，我们就要创建相册了，因为只有创建了多个相册后，才能在这里将所有的相册遍历出来。所以，我们要准备 create.php 页面，代码如下：

```
<!DOCTYPE html>
<html>
   <head>
      <meta charset='utf-8'/>
      <title>在线相册管理系统</title>
   </head>
   <body>
      <center>
      <h2>在线相册管理系统</h2>
      <a href='index.php'>相册列表</a>
      <a href='create.php'>创建相册</a>
      <hr/>
      <h3>创建相册</h3>
      <form action='doAction.php?a=create' method='post' enctype='multipart/form-data'>
      <table border='1' width='400' cellpadding='10' cellspacing='0'>
         <tr>
            <td align='right'>相册名称：</td>
            <td><input type='text' name='title' size='28' value=''/></td>
         </tr>
         <tr>
            <td align='right'>相册描述：</td>
            <td><textarea cols='30' rows='3' name='intro' placeholder='说说这个相册的故
事'>
</textarea></td>
         </tr>
         <tr>
            <td align='right'>相册封面：</td>
            <td><input type='file' name='photo'/></td>
         </tr>
         <tr align='center'>
            <td colspan='2'>
               <input type='submit' value='创建'/>
               <input type='reset' value='重置'/>
            </td>
         </tr>
       </table>
       </form>
     </center>
   </body>
 </html>
```

当然，你也可以加上一些页面样式，样式代码如下：

```
<style>
   table{
   border:10px solid rgb(<?= rand(0,255) ?>, <?= rand(0,255) ?>, <?= rand(0,255) ?>);
background-color:white;
   box-shadow:5px 5px 20px black;
   opacity:1;
```

```
    }
    a{
        color:black;
        text-decoration:none;
    }
    a:hover{
        color:red;
    }
    h2{
        color:black;
    }
</style>
```

代码写完之后的呈现效果如图 14-18 所示。

图 14-18

接下来，我们只需要输入相册的名称、描述，并且选择一张封面图即可！因为我们还没有讲到数据库，因此仍然只能用文本文档来代替数据库。这里我们要把所有的相册信息存储到一个名为 album.txt 的文本文档，大家仔细观察创建相册的 form 表单，我们的提交地址是 doAction.php，并且传递了一个 a 参数，值为 create，意为创建数据库，代码如下：

```
<?php
    //设置文本类型及编码
    header('Content-Type:text/html;charset=utf-8');

    //引入公共函数库（文件上传）
    require"./functions.php";

    //根据用户的动作，执行相应的操作
    switch($_GET['a']){
    //创建相册
    case"create":
        //1. 定义用于存储用户提交信息的空数组
        $data = array();

        //2. 获取用户上传的相册名称和描述
        $data['title'] = $_POST['title'];
        $data['intro'] = $_POST['intro'];
```

```
        //3. 判断用户是否上传了封面图
        if($_FILES['photo']['error']!=4){

            //4.准备上传文件必备的参数
            $path = './Albums';
            $upfile = $_FILES['photo'];
            $allowType = array('image/jpeg','image/png','image/gif');
            $maxSize = 0;

            //5.执行封面图上传
            $res = upload($path, $upfile, $allowType, $maxSize);

            //6.判断是否上传成功
            if($res['error']==false){
                echo"<script>
                        alert('抱歉，封面图上传失败！请重试！');
                        window.location.href='".$_SERVER['HTTP_REFERER']."'
                    </script>";
                die;
            }
                //7.若成功，将图像名称放入数组
                $data['photo'] = $res['info'];
            }else{
                //8.如果用户没有上传图片，则将图片设置为default.jpg
                $data['photo'] = 'default.jpg';
            }

            //9.将数组按##拼装在一起，并按@@分割多个相册信息
            $album = implode('##', $data).'@@';

            //10.将信息存储到album.txt数据库
            file_put_contents('album.txt', $album, FILE_APPEND);

            //11.提示用户相册发布成功！
            echo"<script>
                        alert('恭喜，相册创建成功！');
                        window.location.href='./index.php';
                    </script>";
                die;
            }
            break;
    }
?>
```

测试一下，上传成功，如图 14-19 所示。

localhost 显示

恭喜，相册创建成功！

确定

图 14-19

相册创建成功，大家可以去检查一下 albums 目录与 album.txt 是否有信息存储，如果有，就说明相册创建功能已经完成了，接下来大家要做的就是实现 index.php 相册的遍历了，完善代码如下：

```
<!DOCTYPE html>
<html>
   <head>
      <meta charset='utf-8'/>
      <title>在线相册管理系统</title>
   </head>
   <body>
      <center>
         <h2>在线相册管理系统</h2>
         <a href='index.php'>相册列表</a>
         <a href='create.php'>创建相册</a>
         <hr/>
         <h3>相册列表</h3>
<?php
   //遍历所有的相册
   //1.读取album.txt的相册信息
   $album = file_get_contents('./album.txt');

   //2.去掉最后的@@
   $album = rtrim($album, '@@');

   //3.按@@拆分每一个相册信息
   $albums = explode('@@', $album);

   //4.判断是否有相册信息
   if($albums[0]!=''){

      //5.遍历所有的相册列表
      foreach($albums as $key=>$val){

         //6.按##拆分每一个相册的详细信息
         $albumInfo = explode('##', $val);
?>
      <!-- 相框 -->
      <div class='album' style='background-color:rgba(<?= rand(0,255) ?>, <?= rand(0,255) ?>,
<?= rand(0,255) ?>),0.3'>
         <div class='photo'>
         <a href='show.php?title=<?= @$albumInfo[0] ?>&id=<?= $key ?>'>
         <img src='./Albums/<?= $albumInfo[2] ?>' width='160' height='160'/>
      </a>
      <div class='photo_num'>
         98
      </div>
   </div>
   <div class='title'>
      <span class='left'>
         <?= $albumInfo[0] ?>
      </span>
      <span class='right'>
```

```
                <a href='./doAction.php?title=<?= @$albumInfo[0] ?>&id=<?= $key ?>' title='删除
<?= @$albumInfo[0] ?>相册'>x</a>
                </span>
            </div>
         </div>
        <!-- 相框 -->
    <?php
                    $picture_num = 0;
                }
        }else{
    ?>
            <div class='bg2'>
                <h2 style='padding-top:50px;color:#aaa;'>
                    您还没有创建任何相册,<a style='color:#ab3;text-decoration:none' href='./create.
php'>创建一个? </a>
                </h2>
            </div>
    <?php
            }
    ?>
            </center>
        </body>
    </html>
```

如此一来，我们刚才添加的相册就可以在首页列表中遍历出来了，效果如图 14-20 所示。

在线相册管理系统

相册列表 | 创建相册

相册列表

图 14-20

我们可以再多添加几个相册，效果如图 14-21 所示。

在线相册管理系统

相册列表 | 创建相册

相册列表

图 14-21

测试成功！接下来，我们就要在相册里面添加图片了，因此我们要准备一下添加与显示图片的页面，暂且称它为 show.php 吧，这里大家需要给每一个相册的图片添加如下链接：

```
<div class='photo'>
   <a href='show.php?title=<?= @$albumInfo[0] ?>&id=<?= $key ?>'>
   <img src='./Albums/<?= @$albumInfo[2] ?>' width='160' height='160'/>
</a>
<div class='photo_num'>
   <?= @$picture_num ?>
</div>
</div>
```

这里除了把当前相册的名称传递进去，同时也把当前相册的下标号码传递了进去，这是为了后续的操作准备的，此时单击相册图片，就会打开如下页面，请看代码：

```
<!DOCTYPE html>
<html>
   <head>
      <title>在线相册管理系统</title>
      <meta charset='utf-8'/>
   </head>
   <body>
      <center>
         <h2>在线相册管理系统</h2>
         <a href='index.php'>相册列表</a>
         <a href='create.php'>创建相册</a>
         <hr/>
         <h3>$_GET['title']</h3>
         <div class='upload'>
            <form action='doAction.php?a=insert&title=<?= $_GET['title'] ?>' method='post'
enctype='multipart/form-data'>
               <input class='nopic' type='file' name='photo[] multiple'/>
               <input type='submit' value='上传'/>
            </form>
         </div>
      </center>
   </body>
</html>
```

该代码目前效果如图 14-22 所示。

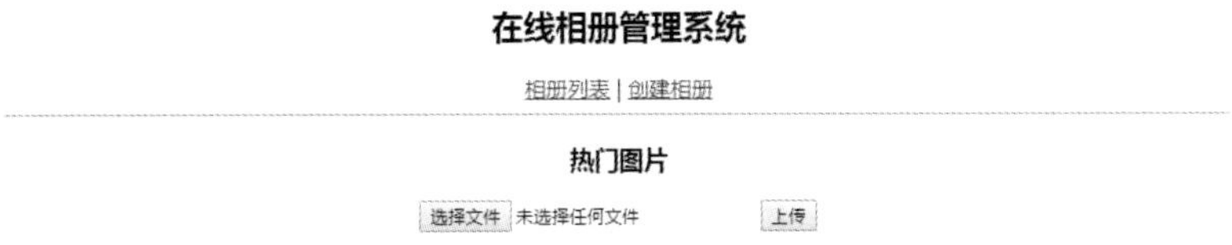

在线相册管理系统

相册列表 | 创建相册

热门图片

选择文件 未选择任何文件 上传

图 14-22

是不是有点太丑了，因此大飞哥要稍微做一些修饰，修饰代码如下：

```
<style>
    .photo{
          width:172px;
          height:172px;
          border:1px solid white;
          margin:20px 18px;
          float:left;
          overflow:hidden;
    }
    .photo:hover{
          cursor:pointer;
          box-shadow:5px 5px 15px black;
          border:1px solid #eee;
    }
    .upload{
          width:1343.2px;
          height:583px;
          background-image:url('./Uploads/bg.png');
          background-size:100%;
    }
    input.nopic{
          margin-top:100px;
          width:200px;
          height:50px;
    }
</style>
```

修饰之后，效果好多了，如图 14-23 所示。

图 14-23

下面就该实现选择和添加多张图片的功能了，在这里，我们需要准备另一个存储图片的文本文档 albumList.txt，执行添加的代码如下：

```
<?php
  case"insert":
  //1.判断用户是否上传了文件
  if($_FILES['photo']['error']==4){
     echo"<script>
              alert('您还没有选择照片哦！');
     window.location.href='{$_SERVER['HTTP_REFERER']}';
        </script>";
  }

  //2.准备上传照片必备的参数
  $path ="/Pictures/";
  $allowType = array('image/jpeg',image/png'','image/gif');
  $maxSize = 0;

  //3.定义一个存储置换后数组的空变量
  $data = array();

  //4.遍历置换
  foreach(){
     $data[$k]['name'] = $_FILES['photo']['name'][$k];
     $data[$k]['type'] = $_FILES['photo'][ 'type'][$k];
     $data[$k]['tmp_name'] = $_FILES['photo'][ 'tmp_name'][$k];
     $data[$k]['error'] = $_FILES['photo'][ 'error'][$k];
     $data[$k]['size'] = $_FILES['photo'][ 'size'][$k];
  }

  //5.定义存储上传成功信息的空数组
  $picture = array();

  //6.把相册名称放入第一个单元
  $pictures[] = $_GET['title'];

  //7.定义存储报错文件信息的空数组
  $errors = array();

  //8.执行文件的遍历上传
  foreach($data as $k=>$upfile){

     //9.开始上传
     $picname = upload($path, $upfile, $allowType, $maxSize);

     //10.判断是否上传成功
     if($picname['error']!=true){

        //11.把上传失败的图片名称存储到errors数组
        $errors[] = $upfile['name'];
     }else{
```

```
            //12.把上传成功的图片名称存储到pictures数组
            $pictures[] = $picname['info'];
        }
    }

    //13.按##拼装数组单元，并使用@@结尾
    $pictureList = implode('##',$pictures).'@@';

    //14.追加写入albumList.txt
    file_put_contents('./albumList.txt', $pictureList, FiLE_APPEND);

    //15.提示信息
    if(count($errors)<=0){
        echo"<script>
                alert('恭喜，照片全部上传成功！');
        window.location.href='{$_SERVER['HTTP_REFERER']}';
            </script>";
    }else{
    //16.把失败文件的信息拼装起来
    $errorList = implode(',',$errors);
    echo"<script>
                alert('恭喜，照片全部上传成功！{$errorList} 上传失败');
        window.location.href='{$_SERVER['HTTP_REFERER']}';
            </script>";
    }
?>
```

接下来，我们可以尝试上传几张图片到当前相册，看能否成功，同时记得查看 albumList.txt 及 pictures 目录是否有相应的信息，如图 14-24 所示。

人物图志##20190426055723l711091.jpg##20190426055723715360 9.jpg##201904260557239321282.jpg@@

201904260557231711091.jpg

201904260557237153609.jpg

201904260557239321282.jpg

图 14-24

程序提示成功了，同时 albumList.txt 把上传成功的图片信息拼装在了一起，上传功能搞定！下面，我们可以在 show.php 页面把所有的图片遍历出来，代码如下：

```
<!DOCTYPE html>
<html>
    <head>
```

```
            <meta charset='utf-8'/>
            <title>在线相册管理系统</title>
        </head>
        <body>
            <center>
            <h2>在线相册管理系统</h2>
            <a href='index.php'>相册列表</a>
            <a href='create.php'>创建相册</a>
            <hr/>
            <h3><?= $_GET['title'] ?></h3>
    <?php
        //遍历所有的相片的信息
        //1.读取albumList.txt的相册信息
        $albumList = file_get_contents('./albumList.txt');

        //2.去掉最后的@@
        $ albumList = rtrim($albumList, '@@');

        //3.按@@拆分每一个相册信息
        $lists = explode('@@', $ albumList);

        //4.定义存储当前相册相片的空变量
        $picture = '';

    //5.遍历所有的相册列表
    foreach($lists as $key=>$val){

            //6.判断当前列表中是否包含当前相册信息
            if(strstr($val, $_GET['title'])){

                //7.如果存在，则将其存储到另一个变量
                $picture = $val;
            }
        }

        //8.判断是否有信息
        if($picture!=''){

        //9.按##拆分所有的相片
        $pictures = explode('##', $picture);

        //10.去除第一个单元
        unset($pictures[0]);
    ?>
        <form action='doAction.php?a=insert&title=<?= $_GET['title'] ?>&id=<?= $_GET['id'] ?>'
method='post' enctype='multipart/form-data'>
            <input class='havepic' type='file' name='photo[]' multiple/>
            <input type='submit' value='继续上传' />
        </form>
    <?php
        //11.遍历所有的相片
```

```
        foreach($pictures as $k=>$v){
    ?>
        <!--照片列表 -->
        <div class='photo'>
            <a href='./pictures/<?= $v ?>'><img src='./pictures/<?= $v ?>' width='172' height
='172'/></a>
        </div>
        <!--照片列表 -->
    <?php
        }
        }else{
    ?>
        <div class='upload'>
            <form action='doAction.php?a=insert&title=<?= $_GET['title'] ?>' method='post'
enctype='multipart/form-data'>
            <input class='nopic' type='file' name='photo[]' multiple/>
            <input type='submit' value='上传' />
            </form>
            </div>
    <?php
        }
    ?>
        </center>
      </body>
    </html>
```

完善代码之后，在页面中就可以看到图片列表信息了，如图 14-25 所示。

图 14-25

图片有点变形了，大家可以自行调整。

大家可能感觉到，程序写到这里就应该大功告成了！其实不然，如果我们要继续在这个相册上传图片，程序会怎么处理？大家思考一下，是不是又往 albumList.txt 去填写拼装信息？这就不对了，正常的逻辑应该是，我们上传了新的图像，会把新图像的名字拼起来，并且追加到原来的字符串列表中去，而不是创建新的字符串，所以我们还要对 insert 程序做出调整，调整代码如下：

```
<?php
  //================这里是追加代码===================
  //1.获取相册名称
  $title = $_GET['title'];

  //2.读取所有的albumList.txt的相片信息
  $albumList = file_get_contents('albumList.txt');

  //3.去除右侧@@
  $albumList = rtrim($albumList, '@@');

  //4.按@@拆分所有的信息
  $lists = explode('@@', $albumList);

  //5.定义存储当前相册相片的空变量
  $picture = '';

  //6.遍历相册列表
  foreach($lists as $key=>$val){

     //7.判断当前列表中是否包含当前相册信息
     if(strstr($val, $title)){

        //8.如果存在，则将其存储到另一个变量
        $picture = $val;
     }
  }

  //9.判断当前相册是否有信息（若无信息，则为第一次添加；若有信息，则为追加图片）
  if($picture!=''){

     //10.按##拆分所有的相片信息（原图片列表）
     $pictureList = explode('##', $picture);

     //11.准备上传照片必备的参数
     $path ="./Pictures";
     $allowType = array('image/jpeg','image/png','image/gif');
     $maxSize = 0;

     //12.定义一个存储置换后数组的空变量
     $data = array();

     //13.遍历置换
     foreach(){
        $data[$k]['name'] = $_FILES['photo']['name'][$k];
        $data[$k]['type'] = $_FILES['photo'][ 'type'][$k];
        $data[$k]['tmp_name'] = $_FILES['photo'][ 'tmp_name'][$k];
        $data[$k]['error'] = $_FILES['photo'][ 'error'][$k];
        $data[$k]['size'] = $_FILES['photo'][ 'size'][$k];
     }

     //14.定义存储报告错误文件的空数组
     $errors = array();
```

```
        //15.执行文件的遍历上传
        foreach($data as $k=>$upfile){

            //16.开始上传
            $picname = upload($path, $upfile, $allowType, $maxSize);

            //17.判断是否上传成功
            if($picname['error']!=true){

                //18.把上传失败的图片名称存入errors数组
                $errors[] = $upfile['name'];
            }else{
                //19.把上传成功的图片名称存入pictures数组
                $pictureList[] = $picname['info'];
            }
        }
    }

    //20.按##拼装数组单元，并使用@@结尾
    if($_GET['id']==count($lists)-1){
        $updatePictureList = implode('##', $pictureList).'@@';
    }else{
        $updatePictureList = implode('##', $pictureList);
    }

    //21.读取所有的albumList.txt的相片信息
    $albumList = file_get_contents('albumList.txt');

    //22.去除右侧@@
    $albumList = rtrim($albumList, '@@');

    //23.按@@拆分所有的信息
    $lists = explode('@@', $albumList);

    //24.替换指定下标的相册信息
    $lists[$_GET['id']] = $updaatePictureList;

    //25.将替换后的信息按@@拼装回去
    $albumList = implode('@@', $lists);

    //26.写回到文本文档中
    file_put_contents('albumList.txt', $albumList);
}else{
//=====================================================
?>
```

这段追加的代码需要放在原来代码的第 1 步和第 2 步之间，也就是以下两段代码之间：

```
<?php
    case"insert":
        //1.判断用户是否上传了文件
        if($_FILES['photo']['error']==4){
            echo"<script>
```

```
                alert('您还没有选择照片哦！');
    window.location.href='{$_SERVER['HTTP_REFERER']}';
            </script>";
        die;
    }

    //2.准备上传照片必备的参数
    $path ="/Pictures/";
    $allowType = array('image/jpeg',image/png'','image/gif');
    $maxSize = 0;

?>
```

然后，把原来的第 2 步直到最后的代码放到 else 程序中。有意思的是，如果是第一次上传图像，就创建新的字符串信息，但如果是第二次或第 n 次上传，就需要在原来字符串的基础上去做修改，你明白了吗?

修改完毕之后，需要重新测试代码，在刚才上传了 3 张图片的相册中继续上传，测试结果如图 14-26 所示。

图 14-26

这样一来，图片追加功能就完成了！最后，我们再去完善 index.php 中没有完成的最后一个小功能，那就是统计相册图片数量功能，我们需要对代码进行如下修改：

```
<?php
    //遍历所有的相册

    //1.读取album.txt的相册信息
    $album = file_get_contents('./album.txt');
    $albumList = file_get_contents('/albumList.txt');

    //2.去掉最后的@@
    $album = rtrim($album, '@@');
    $albumList = rtrim($albumList, '@@');
```

```
    //3.按@@拆分每一个相册信息
    $albums = explode('@@', $album);
    $albumLists = explode('@@', $albumList);

    //4.判断是否有相册信息
    if($albums[0]!=''){
       $picture_num = 0;

       //5.遍历所有的相册列表
       foreach($albums as $key=>$val){

          //6.按##拆分每一个相册的详细信息
          $albumInfo = explode('##', $val);
          $albumListInfo = explode('##', @$albumLists[$key]);

          //7.计算数组的交集
          $intersect = array_intersect($albumInfo, $albumListInfo);

       //8.判断该相册下是否有图片
       if(count(intersect)>0){

             //9.统计该相册下照片的数量
             @$picture_num = count(albumListInfo)-1;
          }
?>
```

有了这个统计数量的变量，就可以去替换原来的“98”这个固定的数字了：

```
<div class='photo_num'>
   <?= @$picture_num ?>
</div>
```

再次查看列表，是不是统计出了每一个相册的数量？
如图 14-27 所示，程序完成！

图 14-27

相册管理系统，大飞哥就写到这里了。其实，这个系统还有很多小功能没有完成，例如删除相册、删除图片……但是大飞哥就不写了，把这些小功能留给你！相信学习了这么久，你的程序逻辑思维已经锻炼出来了！多去发现生活中的细节，并将其使用程序实现！编程改变人生！